플랑크가 드리는

플랑크가 들려주는 양자 이야기

ⓒ 육근철, 2010

초 판 1쇄 발행일 | 2006년 1월 23일
개정판 1쇄 발행일 | 2010년 9월 1일
개정판 11쇄 발행일 | 2021년 5월 31일

지은이 | 육근철
펴낸이 | 정은영
펴낸곳 | (주)자음과모음

출판등록 | 2001년 11월 28일 제2001-000259호
주   소 | 04047 서울시 마포구 양화로6길 49
전   화 | 편집부 (02)324-2347, 경영지원부 (02)325-6047
팩   스 | 편집부 (02)324-2348, 경영지원부 (02)2648-1311
e-mail | jamoteen@jamobook.com

ISBN 978-89-544-2076-1 (44400)

플랑크가 들려주는

양자 이야기

| 육근철 지음 |

㈜자음과모음

플랑크를 꿈꾸는 청소년을 위한 '양자' 이야기

2005년 8월에 발간된 미국의 〈비즈니스 위크 *Business Week*〉지는 특집 기사에서 인도를 '웅크리고 있는 호랑이(Crouching Tigers)'에 비유하고, 중국을 '숨겨진 용(Hidden Dragons)'으로 비유하면서 이들 두 강대국의 과학 기술 발전에 대한 내용을 실었습니다. 현재 인도와 중국은 이미 세계 2인자 역할을 하고 있는 일본의 틈바구니에서 국가 부흥을 이룩해야 하는 큰 과제를 안고 있습니다.

그러나 이런 강대국의 틈바구니에서 우리나라가 번영할 수 있는 기회는 바로 지금입니다. 미래 사회를 이끌어 나갈 인재들인 학생들 스스로 아이디어를 내고, 그 아이디어의 가치를 토론해야 합니다. 또한 국가에서는 채택된 아이디어를 구현해 볼 수 있는 창의성 신장 중심의 교육 체제로 학교 교육을 바꾸는 장기적 정책을 수립해야 합니다.

물리 교육도 개념이나 법칙, 수식을 학생들에게 강제로 받아들이게 하는 주입식 교육에서 과감하게 탈피하여 우리 주변에서 일어나는 수많은 자연 현상들을 관찰하고 실험하면서 때로는 번쩍이는 통찰을 맛보게 하고, 때로는 무릎을 치는 깨달음을 학생들 스스로 경험할 수 있도록 교육 방법을 바꾸어야 합니다.

미래에 우리의 아이들이 슬기롭고 행복하게 살아가게 하기 위해서는 상위 수준으로 도약할 수 있는 학생 개개인의 새로운 아이디어가 필요 충분 조건입니다. 따라서 학생들 스스로 아이디어를 낼 수 있는 기회를 주고, 격려를 해 주어야 합니다. 그렇게 했을 때 우리나라는 더욱 발전할 수 있을 것입니다.

고국에서 늘 기도로 인도해 주는 사랑하는 아내와 먼 미국에서 작은 불편 없이 집필에 임할 수 있도록 도움을 준 Cramond 박사와 게인스빌의 사랑하는 동생 On Young과 둘째 아이 창섭에게 고마움을 표시합니다.

육 근 철

차례

용광로의 불꽃 –
흑체 복사란 무엇일까요?

흑체 복사란 어떤 것일까요?
흑체 복사에 대해서 알아봅시다.

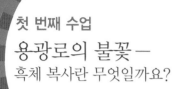

첫 번째 수업

용광로의 불꽃 —
흑체 복사란 무엇일까요?

플랑크가 대장간에서
첫 번째 수업을 시작했다.

대장간 할아버지가 손잡이를 잡아당겼다 밀었다 하면서 풀무질을 하면 검은 석탄 사이로 아름다운 불꽃이 튀어 올라왔다가는 이내 사라져 버린다.

그런데 시간이 지나면 지날수록 불꽃의 색깔은 점점 주황색에서 청백색으로 바뀌어 가고 있다.

잠시 후 플랑크 박사는 검은 석탄 한 덩어리를 들어 올렸다.

자, 여러분! 이 석탄의 색깔은 무슨 색이지요?

— 검은색입니다.

한 학생이 자신 있게 대답했다.

맞습니다. 검은색입니다. 그렇다면 검은색의 이 석탄은 흑
체일까요, 아닐까요?

— 흑체입니다.

시골에서 올라온 석태가 재빨리 대답했다.

왜 흑체라고 생각하나요?

— 검으니까 흑체이지요.

— 저는 그렇지 않다고 생각하는데요?

키가 작고 까무잡잡한 피부를 가진 민철이가 반대 의견을 말했다.

왜 그렇지 않다고 생각하나요?

— 그냥 보기에 석탄은 검으니까 흑체라고 할 수 있지요.
그러나 모든 물체는 흑체입니다. 왜냐하면 모든 물체는 전자

기파 형태의 에너지를 흡수하거나 방출하기 때문입니다.

—와!

학생들은 모두 탄성을 질렀다.

좋아요. 아주 멋지게 설명했어요. 석탄은 거의 흑체에 가깝습니다. 왜냐하면 흑체는 전자기파를 100% 흡수하기 때문입니다.

자, 이제 이 석탄을 뜨겁게 달구는 과정을 예로 들어 봅시다. 온도가 낮을 때 이 석탄은 완전히 검은색으로 보입니다. 그것도 모든 빛을 흡수한 것처럼 아주 진한 검은색으로 보입니다. 왜냐하면 타지 않는 석탄은 우리가 볼 수 있는 가시광선 영역의 빛을 거의 내지 않기 때문입니다.

—가시광선이 뭔가요?

석태가 무슨 말인지 모르겠다는 듯 얼굴을 갸우뚱거리며 질문했다.

—가시광선?
—따가운 광선?

이곳저곳에서 저마다 한 마디씩 끼어들었다.

가시광선이란 우리가 눈으로 볼 수 있는 광선을 말합니다. 즉, 보라색, 남색, 파란색, 초록색, 노란색, 주황색, 빨간색과 같은 무지개 색을 말하지요.

__그럼 눈에 보이지 않는 광선도 있나요?

석태의 질문이 계속되었다. 그리고 플랑크 박사도 석태의 질문에 성의껏 대답해 주었다.

있지요. 바로 적외선과 자외선 같은 것이지요. 자, 자세한 것은 또 이야기할 기회가 있을 거예요. 강석태! 그만 석탄으로 돌아갑시다.

학생들은 한바탕 웃음을 터뜨렸다.

__석태는 석탄. 와, 맞잖아!

아이들이 모두 웅성거리며 소란스러워졌다. 그렇지 않아도 시골에서 올라와 검게 그을린 석태의 얼굴이 붉어졌지만 여기서 물러서지 않고 석태가 질문을 던졌다.

___그럼 석탄은 가시광선을 내보내지 않고 흡수만 하나요?

거의 그렇다고 할 수 있지요. 그런데 이 석탄의 온도가 올라가기 시작하면 석탄의 색깔은 타고 있는 석탄처럼 빨갛게 변하다가 점점 노란색으로 변해 급기야는 청백색으로 변하지요.

___아하! 온도가 올라가면 흡수했던 가시광선을 다시 토해 내나 봐요.

___토해 낸다? 방출한다, 그 말이지요? 그럼 검은빛의 석탄이 아니더라도 빛을 흡수하거나 방출한다는 뜻인가요?

석탄이 흑체라고 대답했던 석태가 다시 물었다. 그러자 옆에 있던 민철이가 차분하게 정리하듯 물었다.

___그렇다면 이 세상의 모든 물체들은 온도가 높을 때는 빛을 내놓지만 온도가 낮을 때는 빛을 흡수한다는 말인가요?

___와…….

학생들은 키가 작고 여린 피부를 가진 민철이의 종합하는 능력에 감탄했다.

내가 필요 없구먼.

플랑크 박사는 신이 나는 듯 환한 얼굴로 농담을 던졌다.

맞아요! 쉽게 말하자면 열 때문에 뜨거워진 물질에서는 전자기파가 방출된다는 것이지요.
__ 전자기파요?
__ 빛이 아닌가요?

누군가 불만이 있다는 듯 중얼거리는 소리가 낮게 들려왔다. 그러자 플랑크 박사가 다시 아이들에게 질문했다.

내가 잘못 말했나요? 전자기파 속에 빛이 포함될까요, 빛 속에 전자기파가 포함될까요? 어느 것이 더 넓은 영역일까요?
__ 빛 속에 전자기파가 포함되는 것 아닐까요?
그래요? 과연 그럴까요?
여러분 이것이 바로 맥스웰의 무지개입니다.

플랑크 박사가 말하자 아이들이 고개를 갸웃거렸다.

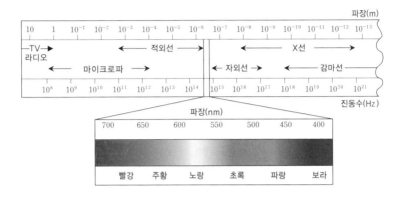

　　— 박사님, 무지개는 알지만 맥스웰의 무지개라는 말은 처음 들어요.

　　플랑크 박사가 집게손가락으로 화면을 건드리자, 플랑크 박사의 광학실 홈페이지가 한쪽 벽면에 떠올랐다. 다시 화면을 건드리자 표가 하나 나타났다.

　　아, 그렇겠군요! 오늘날 우리가 텔레비전으로 축구 경기를 보고, MP3로 음악을 듣고, 핸드폰으로 화상 통화를 하고, 컴퓨터로 게임을 하는 신나는 세상을 살고 있는 것이 어떤 사람들의 도움인지 아나요? 바로 맥스웰(James Maxwell, 1831~1879)과 헤르츠(Heinrich Hertz, 1857~1894) 덕분입니다.

―두 사람이 전파를 만들어 냈나요?

그렇지요. 정확하게 표현하자면 전파보다 전자기파가 맞습니다. 이 전자기파의 원리를 이론적으로는 맥스웰이 완성했고, 헤르츠는 이 이론을 바탕으로 실험실에서 전자기파를 만들어 냈습니다.

―아하! 그래서 맥스웰의 무지개라고 하는군요.

민철이가 무릎을 치면서 즐거워했다. 플랑크 박사가 아이들에게 웃어 보이며 화면에 떠오른 맥스웰의 무지개를 가리켰다.

여기 '맥스웰의 무지개'를 봅시다. 이 그림에서 왼쪽부터 오른쪽 끝까지를 우리는 전자기파라고 합니다. 왼쪽으로 갈수록 파장이 길고 오른쪽으로 갈수록 파장이 짧아지는 그림입니다. 이 그림을 보면 장파, 중파, 단파를 이용해서 우리가 멀리 떨어져 있는 사람과 통신을 하는 것입니다. 그런데 잘보세요. 아름다운 무지개 색깔로 표시되어 있는 범위는 매우 작지요?

―예!

이 아주 좁은 영역이 바로 우리가 빛이라고 말하는 가시광선 영역이지요. 그러면 내가 왜 빛이 방출된다고 말하지 않고 전자기파가 방출된다고 했는지 알겠나요?

　―물체에 열이 가해지면 적외선이나 자외선도 나오기 때문입니다.

　예! 정확하게 맞습니다. 가시광선 외에도 열선인 적외선이나 자외선이 많이 나오지요. 여러분들 찜질방에 가 봤지요?

플랑크 박사가 다시 화면을 건드리자 찜질방의 모습이 나타났다.

　우리가 찜질방에 가는 이유는 열선인 적외선을 받아 땀을 내어 우리 몸에 축적되어 있는 노폐물을 빼내기 위해서입니다.

플랑크 박사가 화면을 건드리자 연탄불, 전깃불, 촛불, 용광로 등에서 나오는 아름다운 빛의 동영상이 나타났다.

위의 그림처럼 가열된 물체에서는 전자기파가 방출되는데, 이런 현상을 복사라고 합니다. 우리가 지금 이렇게 따뜻하고 햇볕이 적당한 세상에서 살고 있는 것은 태양에서 오는 복사 에너지 덕분이지요.

플랑크 박사가 화면을 건드리자 끓어오르는 태양이 화면 가득 나타났다.

이 태양을 보세요. 대단한 복사 에너지를 방출하고 있지

요? 이같이 가열된 물질에서는 전자기파가 나오는데 이런 현상을 우리는 넓은 의미에서 흑체 복사라고 합니다.

— 흑체 복사요?

학생들은 새로운 용어를 이해하기 어렵다는 듯 되물었다.

새로운 용어라서 어려운가요?

— 예!

학생들은 당연하다는 듯 크게 대답했다.

검은 물체의 전자기파 방출이라······.

플랑크 박사는 혼자 중얼거리듯 말하다가 돌아서서 학생들에게 다시 설명했다.

예를 들면, 검은 석탄은 빛을 흡수하지요? 이렇게 석탄과 같이 검은 물체를 흑체라고 합니다. 그런데 이렇게 검은 석탄을 가열하면 어떤 현상이 일어나나요?

— 빨갛게 변해요! 그리고 빛이 나오는데, 온도에 따라 다

른 빛이 나옵니다.

태호가 자신 있게 대답했다. 그러자 플랑크 박사는 되물었다.

 그럼 빛이 나오는 현상을 뭐라고 하나요?
 ― 복사라고 합니다.
 그렇다면 흑체에서 빛이 나오는 현상을 간단하게 줄이면
어떻게 표현할 수 있나요?
 ― 흑체 복사?

학생들의 입에서 저절로 흑체 복사란 말이 튀어나왔다. 그제야 단
어의 뜻이 이해된 아이들이 고개를 끄덕였다.

 바로 그거예요. 검은 석탄처럼 물체를 가열했을 때 전자기
파를 방출하는 현상을 흑체 복사라고 합니다.

플랑크 박사는 흑체 복사를 설명하기 위해 그림을 그려 가면서 설
명했다.

 자, 여기 작은 구멍이 뚫린 속이 텅 비어 있는 공이 있다고

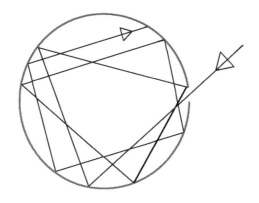

가정합시다. 이 공 안은 무슨 색깔일까요?

　— 빛이 들어가지 않으니 깜깜한 검은색이겠지요!

아이들이 입을 모아 말했습니다. 플랑크 박사는 계속 설명을 이어
갔다.

　그런데 이 작은 구멍 속으로 한 줄기 빛이 들어갔다고 가정
합시다. 구멍을 통해 들어간 빛은 공의 내부에서 계속 반사
하여 밖으로 빠져나오기가 어려워집니다.

　— 에이, 구멍을 통해서 빛이 들어갔잖아요. 일단 들어갔는
데 왜 나오기가 어려워요? 그건 말이 안 되는 것 같아요!

아이들의 항의에 플랑크 박사는 싱긋 웃을 뿐이었다. 그러자 아까

부터 유심히 그림을 바라보던 신원이가 말했다.

─아니요, 박사님 말씀이 맞는 것 같아요. 왜냐하면 빛이 들어간 구멍은 너무 작잖아요. 방에 있는 벽장 안이나 장롱 안을 들여다보면 훨씬 어둡게 보이잖아요.

신원이가 말한 것이 맞아요. 생각해 봅시다. 한번 들어간 빛은 구멍을 통해서 나올 가능성이 아주 적습니다. 왜냐하면 공 전체 표면적에 비해 구멍의 크기는 너무 작기 때문입니다. 이런 경우를 우리는 빛이 완전히 흡수되었다고 합니다. 마치 석탄이 모든 빛을 흡수하여 검은색으로 되었듯이 말입니다. 그리고 이런 물체를 흑체라고 합니다.

─박사님, 그러면 흑체 복사란 검은 석탄이 탈 때 적외선이나 가시광선, 자외선 등이 나오는 현상을 말하는 거예요?

맞습니다. 그러나 개념을 정확하게 표현할 필요가 있어요. 즉, 모든 물체는 그 온도에 상응하는 전자기파를 방출합니다. 그래서 체온이 약 37℃인 우리들의 몸에서는 적외선이 나오는 것입니다.

학생들의 얼굴은 대장간의 붉게 타오르는 불빛에 따라 아름답게 변하고 있다.

과학자의 비밀노트

스테판–볼츠만 법칙

열이 어떤 중간 매질을 거치지 않고 직접 이동되는 현상을 복사라고 하며, 이때의 에너지를 복사 에너지라고 한다. 지구의 주에너지원인 태양 에너지도 복사의 형태로 전달되며 모든 물체는 복사를 하는데, 이때 복사는 물체 표면의 성질과 온도에 따라 다르다. 특히 입사하는 복사 에너지를 모두 흡수하는 이상적인 물체를 흑체라고 한다. 흑체의 경우, 표면의 단면적에서 단위 시간에 방출하는 복사 에너지 E는 절대 온도 T의 4제곱에 비례한다. 이 관계를 스테판–볼츠만 법칙이라고 한다. 즉,

$$E = \sigma T^4$$

이다. 이때 비례 상수 σ를 스테판–볼츠만의 상수라고 한다.

만화로 본문 읽기

아, 따뜻해! 그런데 왜 불 옆에 있으면 따뜻한 거죠?

그거야 열이 나오니까 그런 거지.

맞아요. 다시 말하면 열 때문에 뜨거워진 물질에서 전자기파가 방출되기 때문이지요.

전자기파가 뭔데요?

전자기파는 우리가 볼 수 있는 빛의 영역인 가시광선 외에도 적외선, 자외선 등을 포함한 파장을 말해요.

이같이 가열된 물질에서 전자기파가 나오는 현상을 복사라고 하며, 특히 이상적인 복사체를 흑체라고 해요.

흑체요?

너무 어려워요.

흑체란 입사된 빛을 반사 또는 산란시키지 않고, 완전히 흡수하여 재방출하는 물체를 말하지요.

그럼 흑체 복사란 검은 석탄이 탈 때 전자기파가 나오는 현상인가요?

맞아요. 모든 물체는 그 온도에 상응하는 전자기파를 방출해요. 우리 몸에서도 적외선이 나오지요.

아~, 이제 이해가 가요.

2

빛의 색깔은 온도와 어떤 관계가 있나요?

불꽃의 색깔을 통해서 무엇을 알 수 있을까요?
불꽃의 색깔과 온도와의 관계에 대해서 알아봅시다.

플랑크가 강의실로 돌아와서
두 번째 수업을 시작했다.

플랑크 박사의 강의실은 유비쿼터스 시스템이 설치되어 있어 가상 현실 및 동영상 자료를 화면에 직접 불러낼 수 있다.

플랑크 박사는 아이들에게 보여 줄 자료 화면으로 포항 제철소의 용광로 사진을 불러왔다.

지난 시간에는 흑체 복사에 대해 알아보았는데,

오늘은 용광로에서 나오는 쇳물의 색깔과 쇳물의 온도는 어떤 관계가 있는지 알아봅시다.

플랑크 박사가 화면을 건드리자 용광로에서 흘러나오는 쇳물의 색깔이 여러 가지로 변하면서 화면에 나타났다.
펄펄 끓는 붉은 쇳물을 가리키며 플랑크 박사는 다시 아이들에게 질문을 던졌다.

용광로에서 흘러나오는 쇳물의 색깔을 보고 쇳물의 온도를 정확하게 측정할 수 있는 방법은 없을까요? 누가 아이디어를 내 봅시다.
＿박사님! 왜 쇳물의 온도를 측정해야 하나요?
아, 내가 한 가지를 건너뛰었나 봅니다.

플랑크 박사는 다시 화면을 건드려 지난 시간에 현장에 가서 강의를 했던 대장간을 불러왔다.

대장간 아저씨가 호미를 만들 때와 칼을 만들 때 숯불의 색깔이 어떻게 달라지는지 잘 살펴보고 이야기해 봅시다.

플랑크 박사가 화면을 건드리자 붉은색 불꽃 속에서 빨갛게 달구어진 쇠붙이가 화면에 떠올랐다.

두 화면에서의 차이점은 무엇인가요?

— 불꽃의 색깔이 다릅니다.

맞습니다. 대장간 할아버지는 연장의 용도에 따라 불꽃의 색깔을 조절하고 있는 것이지요. 그런데 어떻게 조절할까요?

— 호미를 만들 때는 풀무질을 적게 한 상태에서 쇠를 꺼내고, 칼을 만들 때는 풀무질을 훨씬 많이 한 상태에서 쇠를 꺼냅니다.

평소 매사에 분석적으로 접근하던 현철이가 반짝이는 눈으로 자신 있게 설명했다. 아마 지난 시간에 대장간에서 수업을 할 때 예리하게 관찰을 한 것 같았다.

맞습니다. 호미를 만들 때는 낮은 온도에서 꺼내어 두드리고, 칼을 만들 때는 높은 온도에서 꺼내어 두드려 쇠를 강하게 만듭니다.

＿왜 높은 온도에서 두드리면 쇠가 더 강하게 되나요?

강하게 된다는 것은 탄소나 다른 불순물들을 틈 속에 두드려 넣어 단단하게 했기 때문이지요. 대장간 할아버지가 두드리고 식히고 다시 가열하는 것을 반복하는 이유를 알겠지요?

＿네! 그럼 붉은색 불꽃보다 파란색 불꽃이 쇠를 더 강하게 만든다는 거예요?

그렇지요. 다시 말해서 붉은색 불꽃보다 파란색 불꽃의 온도가 더 높다는 뜻입니다.

＿색깔과 온도와는 밀접한 관계가 있겠네요?

맞아요! 바로 그것입니다. 오늘의 핵심은 바로 불꽃의 색깔과 온도와의 관계입니다.

플랑크 박사가 화면을 한 번 건드리자 그래프가 나타났다.

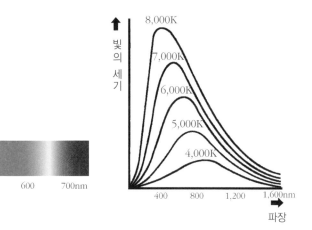

여기 이 그래프를 보세요. 가로축은 파장, 즉 색깔을 나타내고 세로축은 빛의 세기가 세고 약함을 표시합니다. 이 그래프에서 우리가 찾아낼 수 있는 물리적 사실들을 모두 적어 봅시다.

학생들은 너도 나도 각자의 생각을 말하기 시작했다. 아이들의 이야기를 플랑크 박사는 그대로 받아 적었다. 그런 후 아이들의 발표 중 요점만을 간추렸다

1. 온도가 낮을수록 표에 나타난 마루의 높이가 낮다.

2. 온도가 높을수록 마루의 높이가 높아진다.

3. 온도가 높을수록 정점인 마루가 왼쪽으로 이동한다.

4. 온도가 낮을수록 그래프 아래의 면적이 작아진다.

또 있나요?

플랑크 박사는 재미있다는 듯 상기된 표정으로 또 다른 답을 요구했다. 그러자 창 쪽에 앉아 있던 태호가 한마디를 덧붙였다.

__온도가 높을수록 마루가 급격하게 커져요.

그러자 플랑크 박사는 만족스럽게 웃으며 태호의 발표도 적어 넣었다.

5. 온도가 높을수록 마루의 높이가 높고 왼쪽으로 이동한다.

좋습니다. 역시 여러분들은 창의성이 높아요. 이렇게 한 가지 그래프를 가지고 여러 가지 의견을 낼 수 있다니 말입니다.

학생들은 자신의 의견이 채택된 사실에 기분이 좋은지 모두들 상기된 표정이었다.

물리적 입장에서는 장파, 중파, 단파, 극초단파, 적외선, 가시광선, 자외선, X선, 감마선 등이 모두 전자기파입니다. 또 전자기파를 이렇게 구분하는 것은 각기 파장이 다르기 때문입니다.

— 맥스웰의 무지개를 생각하면 되겠네요!

그렇지요! 앞의 그래프에서 보면 가로축에서 밖으로 나갈
수록 파장이 길어지기 때문에 안쪽으로 들어올수록 짧은 파
장인 보라색 밖에서 자외선이 분포되고, 바깥쪽으로 갈수록
긴 파장인 빨간색 밖에서 적외선이 분포되는 것을 알 수 있지
요. 또한 온도가 높아질수록 날카로운 마루가 안쪽 즉, 파장
이 짧은 쪽으로 이동하는 것을 볼 수 있습니다.

— 박사님! 그럼 높은 온도에서는 파장이 짧은 빛의 세기가
강해진다는 뜻인가요?

현철이가 결론을 내리기라도 해야겠다는 듯 단호하게 이야기했다.

좋습니다. 아주 훌륭한 생각이에요. 최고의 강도를 가진 빛
의 색깔이 붉은색에서 파란색으로 옮겨 갈수록 온도가 높아
진다는 것입니다. 즉, 빛의 색깔과 온도와는 아주 밀접한 관
계가 있다는 결론을 내릴 수 있는 것입니다.

＿그렇다면 관계식도 꾸밀 수 있나요?

그렇지요. 두 물리량 사이에 어떤 관계가 있다면 당연히 관계식을 꾸밀 수 있겠지요. 그러나 조금만 기다려 보세요. 한 가지를 더 고려해야 할 문제가 있어요.

＿그게 뭔가요?

이 그래프에서 우리는 세로축이 말하는 빛의 세기와의 관계는 알아보지 않았습니다. 그것을 다음 시간에 더 살펴보자는 것입니다.

＿그럼 빛의 세기, 온도와 파장 사이의 관계를 알아봐야겠네요?

맞습니다. 중요한 것은 온도에 관계없이 여러 가지 색깔은 다 내지만 온도가 높을수록 최고의 세기를 나타내는 빛의 색깔이 붉은색에서 파란색으로 이동한다는 것입니다.

둘이서 뭘 하고 있는 건가요?

지금 촛불을 관찰하고 있는 중이에요.

그런데 선생님, 왜 촛불에는 빨간색도 보이고 파란색도 보이죠?

맞아요. 색이 여러 가지예요?

그것은 온도가 다르기 때문입니다.

전자기파는 파장의 영역별로 장파, 중파, 단파, 극초단파, 적외선, 가시광선, 자외선, X선, 감마선 등으로 구분할 수 있어요.

이 그래프에서 보면 가로축은 파장을, 세로축은 빛의 세기를 나타내지요. 특히 가로축에서 밖으로 나갈수록 파장이 길어지므로 빨간색에서 적외선이 분포하며, 안쪽으로 들어올수록 짧은 파장인 보라색에서 자외선이 분포합니다.

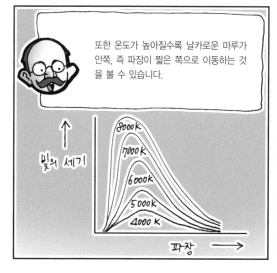

또한 온도가 높아질수록 날카로운 마루가 안쪽, 즉 파장이 짧은 쪽으로 이동하는 것을 볼 수 있습니다.

그럼 온도가 높아질수록 짧은 파장의 빛이 방출된다는 것인가요?

맞습니다. 온도가 높아질수록 빛의 색깔이 붉은색에서 파란색으로 변해가고, 빛의 세기 또한 강해지지요.

빛의 색깔과 온도는 아주 밀접한 관계가 있군요!

망원경으로 용광로의 온도를 측정할 수 있을까요?

뜨거운 용광로 속의 온도는 어떻게 알 수 있을까요?
우리가 볼 수 있는 전자기파의 영역은 가시광선이라고 합니다.
전자기파의 영역에 대해서 자세히 알아봅시다.

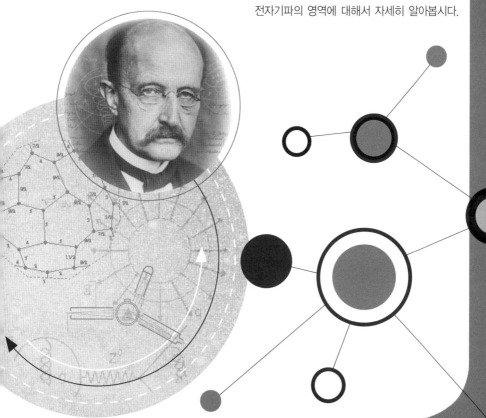

3

망원경으로 용광로의 온도를 측정할 수 있을까요?

교. 고등 물리 II   2. 전기장과 자기장

과.

연.

계.

플랑크가 다시
용광로 사진을 보여 주면서
세 번째 수업을 시작했다.

여기 펄펄 끓는 용광로가 보이지요? 상준이는 이 용광로의
온도를 어떻게 하면 잴 수 있다고 생각하나요?

플랑크 박사가 맨 앞에 앉아 있는 상준이에게 질문을 하자, 상준이
는 얼굴이 빨개지면서 머뭇거렸다. 그러다가 간신히 대답했다.

__온도계로 측정하면 되지요.
온도계? 어떤 온도계요?
__ ······.

지금이라면 열전쌍 온도계로 측정하면 간단하게 해결되지요. 그런데 1880년대 후반에는 아직 열전쌍 온도계가 발명되지 않았을 때였습니다. 그 시대라면 어떻게 측정했을까요?

과학자의 비밀노트

열전쌍 온도계

열전기쌍 원리를 응용하여 온도를 잴 수 있게 만든 기구이다. 즉, 두 개의 서로 다른 금속을 고리 모양으로 붙여 놓았을 때 두 금속의 온도가 달라지면 전류가 흐르므로 이를 이용하여 온도를 측정할 수 있다. 도체를 어떤 것으로 쓰느냐에 따라 여러 종류가 있으며, 구조가 비교적 간단하고 견고하여 저온에서 고온에 이르기까지 측정이 가능하다.

플랑크 박사의 또 다른 질문에 태호가 번쩍 손을 들며 대답했다.

__ 망원경으로 측정합니다.

망원경으로? 그거 재미있는 아이디어인데, 망원경으로 온도를 어떻게 잴 수 있을까요?

플랑크 박사는 진지한 표정으로 되물었고 아이들은 말도 안 된다는 듯 피식피식 웃었다.

— 저번 수업에서 빛의 온도는 색깔과 관계가 있다고 하셨 잖아요. 그러니까 망원경으로 불꽃의 색깔을 보고, 온도를 측정하면 되지 않나요?

당연하다는 듯 태호는 플랑크 박사에게 되물었다.

아하! 망원경으로 색깔을 보고 측정한다? 재미있는 아이디 어입니다. 사실 나는 1898년에 독일의 베를린 대학에서 그 당 시에 명성이 높던 헬름홀츠(Hermann Helmholtz, 1821~1894) 박사 밑에서 열역학에 관한 공부를 하면서 철의 강도와 품질 은 용광로의 온도와 밀접한 관계가 있음을 밝혀냈지요. 그때 나는 '어떻게 하면 용광로의 온도를 정확하게 측정할 수 있을 까?'에 큰 관심을 기울였어요. 그 당시에는 기술자들이 용광 로 속을 들여다보고 불꽃의 빛깔을 통해 온도를 판단하는 감 각에 의존하고 있었기 때문이었지요.

태호의 의견에 재미가 있다는 듯 플랑크 박사는 다시 질문했다.

그럼 태호 군, 색깔이란 무엇인가요?
— 컬러입니다.

컬러? 그것 참 재미있는 표현인데, 컬러는 파장으로 결정된다는 뜻이군요. 좋아요!

그때 갑자기 석태가 이의를 제기했다.

─ 박사님, 여기서 질문이 있는데요, 도대체 파장이 뭔가요?
파장? 아, 내가 중요한 것을 빠뜨렸군요. 사실 이 파장의 개념부터 여러분들에게 알려주었어야 하는데 말이지요. 파장을 이야기하기 전에 우선 파동을 알아야 합니다. 파동이란 어떤 한 부분에서 생긴 진동이 차례로 퍼져 나가는 것을 말해요. 가령 물에 조약돌을 던지면 수면 위로 동그라미가 계속 퍼져 나가잖아요. 이것이 바로 파동이에요. 그리고 골에서 다음 골까지 또는 마루에서 다음 마루까지의 거리를 파장이라고 하지요.
─ 골과 마루가 뭔데요?

아이들의 물음에 플랑크 박사가 간단한 그림을 그렸다.

이 그림을 보면 곡선을 이루고 있지요? 여기서 위로 솟은 부분은 마루, 아래로 파인 부분은 골이라고 합니다.

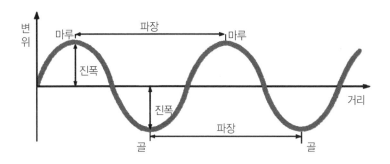

석태가 파장을 이해하자 플랑크 박사는 웃으며 화면을 건드렸다.

그러자 화면에는 쓰레기통 사진이 나타났다.

이 쓰레기통의 파장은 어디서 어디까지일까요?

__ 쓰레기통에도 파장이 있나?

여기저기서 학생들이 소란스럽게 웅성거렸다.

＿박사님, 검은 줄의 시작점에서 다음 검은 줄의 시작점까지의 거리가 한 파장입니다.

현철이가 대답했다. 그러나 몇 명의 학생들만이 동의할 뿐 대부분의 학생들은 이해가 가지 않는다는 표정이었다.

플랑크 박사가 화면을 건드리자 새로운 그림이 나타났다.

이 줄무늬는 파동인가요, 아닌가요?

＿마루하고 골이 없잖아요. 그럼 파동이 아니죠!

아이들은 아직 이해가 되지 않는다는 얼굴로 고개를 저었다. 그러자 플랑크 박사는 다시 한 번 화면을 건드렸다. 그러자 또 다른 그림이 나타났다.

여러분, 빛의 성질에 대해 이미 들어 알고 있겠지요? 검은색은 빛을 모두 흡수하지만 흰색은 빛을 튕겨 냅니다. 따라서 위의 줄무늬에서 흰색 부분은 빛이 투과하지 못하겠지만

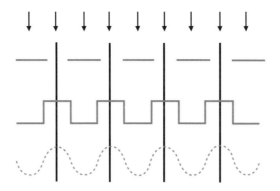

검은색 부분은 빛이 투과하겠지요?

　— 예!

　그렇다면 빛이 통과하는 부분을 1이라 하고, 통과하지 않는 부분은 0이라고 합시다. 그런 다음 0과 1을 그래프로 그려보면 두 번째 그림이 되지요?

　— 이 아이디어가 컴퓨터를 만든 원리인 이진수 아닌가요?

　— 아하!

그제야 감이 잡힌다는 듯 몇 명의 학생들이 무릎을 쳤다.

　자, 두 번째 그림에서 날카로운 부분을 부드러운 곡선으로 처리해 봅시다. 세 번째 그림이 나오지 않나요?

　— 와!

학생들은 줄무늬 쓰레기통이 파장을 가지고 있는 파동으로 표시할 수 있다는 플랑크 박사의 말에 놀라는 표정이었다.

색깔과 파장을 이야기하다가 파장에 대한 개념을 설명하기 위해 잠깐 샛길로 빠졌었는데, 이제 원점으로 돌아갑시다. 그러면 다음 그림을 보고 이야기를 해 볼까요?

플랑크 박사가 화면을 건드리자 지난번 수업과는 다른, 색 스펙트럼이 있는 파장－빛의 세기의 그래프가 나타났다.

이 그래프에서 가로축이 파장이고, 세로축이 빛의 세기인

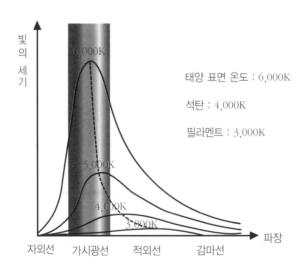

태양 표면 온도 : 6,000K

석탄 : 4,000K

필라멘트 : 3,000K

데, 색 기둥이 바로 우리가 보는 가시광선 영역입니다. 가시광선 영역보다 파장이 긴 쪽이 적외선이고, 가시광선 영역보다 파장이 짧은 쪽이 자외선이지요.

― 박사님, 우리가 볼 수 있는 영역이 너무 좁아요.

그렇지요. 맥스웰의 무지개에서 보았듯이 전자기파의 영역은 매우 넓지만 우리가 볼 수 있는 가시광선 영역은 매우 좁습니다. 만약에 우리가 석탄이 탈 때 나오는 최고의 강도를 가진 빛의 파장과 온도와의 관계를 정확하게 계산하여 그래프나 수식을 만든다면, 용광로 밖에서도 빛의 색깔, 즉 파장을 보고 용광로 속의 온도를 정확하게 측정할 수 있을 것입니다.

학생들은 고개를 끄덕이면서 동의를 표했다.

그래서 우리의 첫 수업을 대장간에서 한 것입니다. 대장간에서 사용했던 석탄은 평상시에는 그냥 검은색이지만 열을 가하면 붉은색으로 변합니다. 이렇게 붉은색으로 석탄이 탈 때 파장은 약 700nm~600nm 정도가 됩니다. 석탄의 온도가 더 높아지면 불꽃의 색깔은 붉은색에서 노란색으로, 노란색에서 파란색으로 변하겠지요. 이 파란색 불꽃의 파장이 약 500nm~400nm 정도가 됩니다. 즉, 온도가 높아질수록 짧은 파장의 빛이 방출된다는 것입니다. 따라서 용광로에 들어 있는 철이 내는 스펙트럼이 붉은색을 띨 때는 여러 스펙트럼 중에서 붉은색이 가장 강하게 나타나는데, 이 강하게 나타나는 색깔은 온도에 따라 결정되는 것입니다.

—박사님, 나노미터란 얼마나 작은 단위인가요?

민석이의 질문에 플랑크 박사가 화면을 건드리자 나노미터의 단위가 크게 나타났다.

$$1nm = 10^{-9}m$$

여기 표시된 것 같이 10^{-9} 정도로 매우 작은 값입니다. 고체 내부에 있는 원자들의 간격이 0.3nm 정도이니까 굉장히 작은 값이지요.

—요즈음 급부상하는 나노 과학을 말하시는 거예요?

그렇지요. 광학 현미경으로는 500nm까지 볼 수 있고, 전자 현미경으로도 약 1nm 정도밖에 못 봅니다. 그건 그렇고, 앞에서 우리가 관심을 가졌던 온도와 파장, 즉 색깔과의 관계로 되돌아갑시다.

앞의 그래프를 잘 살펴보면 어떤 규칙적인 현상을 발견할 수 있는데……. 누구 발견한 사람 없나요?

늘 앞줄에 앉아 열심히 강의만 듣던 현중이가 손을 들었다.

— 그래프에서 온도가 1,000K(켈빈: 절대 온도의 단위), 4,000K, 5,000K, 6,000K으로 올라갈수록 그래프의 마루가 높고 날카로워지면서 파장이 짧은 쪽으로 옮겨 가고 있어요.

— 와!

학생들이 박수를 치며 감탄했다.

맞아요. 또 다른 의견은 없나요?

— 온도가 올라갈수록 그래프 아래의 면적이 더 커집니다.

— 온도가 올라갈수록 빛의 세기가 더 커집니다.

— 온도가 올라갈수록 자외선 쪽으로 마루가 이동합니다.

학생들은 신이 나는 듯 여러 가지 의견을 말했다.

좋습니다. 새로운 발견은 어디 큰 곳에서 나타나는 것이 아니라 이렇게 작은 그래프 하나가 가지고 있는 물리적 의미를 파악해 내는 것에서 할 수 있는 것입니다.

이제 정리해 봅시다. 현중이가 발표한 대로 온도가 올라갈수록 곡선의 마루가 파장이 긴 쪽에서 짧은 쪽으로 이동해 가고 있고 빛의 세기가 더 강해진다는 사실을 발견할 수 있지요?

─ 예!

바로 그것입니다. 파장이 짧을수록 세기가 커지면 파장이 짧은 쪽으로 마루가 이동하고 세기가 커진다는 것입니다. 따라서 이와 같이 온도에 따른 파장과 빛의 세기 사이의 관계를 그래프로 그려 놓을 수 있다면, 망원경이나 분광기로 용광로에서 나오는 빛의 색깔을 보고 용광로의 온도를 측정을 할 수 있지 않을까요? 즉, 온도에 따라 스펙트럼 띠에서 가장 강한 색이 결정되므로 우리는 망원경으로 본 색깔을 가지고 쇳물이 어느 온도에 도달했는지를 알 수 있는 것입니다.

─ 어떤 과학자들이 그런 생각을 했나요?

이런 생각을 한 과학자들이 바로 나를 비롯해 볼츠만(Ludwig Boltzmann, 1844~1906), 빈(Wilhelm Wien, 1864~1928), 레일리(John Rayleigh, 1842~1919), 진스(James Jeans, 1877~1946) 등입니다. 그래서 이들 과학자들은 온도에 따른 파장과 빛의 세기 사이의 관계식을 꾸며 보고, 그래프를 그려 가면서 토론하여 당시 미해결의 문제였던 열역학의 문제를 전자기학과 결합시키려 했습니다.

─ 열역학과 전자기학의 관계가 그렇게 밀접한가요?

물체에 열을 가하면 나오는 복사파가 전자기파이니까요. 자, 오늘은 여기까지 합시다. 다음 시간부터는 볼츠만, 빈, 레일리와 같은 과학자들이 어떤 노력 끝에 오늘날의 양자 역학을 탄생시켰는지에 대해 살펴보겠습니다. 다음 시간까지 이들 과학자들의 연구 과정에 대해 알아 오면 도움이 될 것입니다.

과학자의 비밀노트

볼츠만(Ludwig Boltzmann, 1844~1906)

오스트리아의 이론 물리학자이며, 통계 역학 건설자의 한 사람이다. 볼츠만 방정식을 도입하여 맥스웰-볼츠만 분포를 확립했다. 또한 열역학 제2법칙의 비가역성을 역학의 입장에서 해명했고, 엔트로피 개념을 통계 역학적으로 정식화하였다.

빈(Wilhelm Wien, 1864~1928)

독일의 물리학자로 1893년 빈의 변위 법칙을 이론적으로 이끌어냈다. 1896년 빈의 분포식을 만들어, 플랑크의 양자 가설의 선구가 되었다. 그 밖에도 뢴트겐선 연구, 흑체 복사 실험에 착수했으며, 음극선과 커낼선의 실험 연구에서 뛰어난 업적을 남겼다.

레일리(John Rayleigh, 1842~1919)

영국의 물리학자로 초기에는 광학 및 진동계에 관한 수리적인 것을 연구했으나, 후에는 거의 물리학 전반에 걸친 이론적·실험적 연구로 나아갔다. 또 전기저항·전류·기전력에 대한 표준 측정을 하고 후에는 복사에 관한 레일리-진스의 공식을 유도했다.

진스(James Jeans, 1877~1946)

영국의 물리학자·천문학자이다. 《기체 운동론》을 발표하며 이 이론에서 레일리-진스의 법칙을 발견하였고, 《방사와 양자론》은 양자론의 발전에 기여하였다. 그 외 천문학 저서에서 회전하는 천체의 효과, 태양계 기원에 관한 조석 효과 등 여러 가지를 논하였다.

선생님, 불꽃 온도는 어떻게 재나요?

맞아요. 온도계로는 잴 수 없지 않나요?

빛의 색깔, 즉 파장을 보고 불꽃 속의 온도를 측정할 수 있답니다.

정말이요?

예를 들어 석탄에 열을 가하면 붉은색의 빛이 방출하는데, 이때 파장은 700~600nm 정도가 됩니다.

파란색   빨간색

400   500   600   700nm

그렇군요. 불꽃의 온도가 더 높아지면 붉은색에서 노란색으로, 노란색에서 파란색으로 변하겠군요.

민철 군, 열심히 공부했군요. 여기서 파란색 불꽃의 파장은 500~400nm 정도가 됩니다.

그럼 온도가 높아질수록 짧은 파장의 빛이 방출되는 거네요!

맞습니다.

이렇게 온도에 따른 파장과 빛의 세기 사이의 관계를 알면, 빛의 색깔을 통해 용광로나 태양 등의 온도를 측정할 수 있어요.

아~ 그렇군요.

4

젊은 과학자 **빈**과
선배 과학자 **레일리**와의 **차이점**

대칭성의 원리란 무엇일까요?
빈의 식은 짧은 파장의 영역에서, 레일리의 식은 긴 파장의 영역에서 잘 맞았습니다.
이 두 연구는 어떻게 연결되는지 알아봅시다.

4

네 번째 수업

젊은 과학자 빈과
선배 과학자 레일리와의
차이점

플랑크가 화면을 건드리며
네 번째 수업을 시작했다.

플랑크 박사가 화면을 건드리자 젊은 과학자 빈과 레일리의 사진이

나란히 나타났다.

오늘은 빈과 레일리 두
과학자의 열역학에 대한
열정과 경쟁에 대해서 공
부해 봅시다
　—박사님, 그 당시에는
열역학이 그렇게 중요했

빈

레일리

나요?

현대 물리에 속하는 양자론을 강의하면서 자주 열역학 이야기를 끄집어내는 플랑크 박사의 말이 이상했던 민석이가 지난 시간에 이어 또 질문했다.

좋은 질문입니다. 동·서양의 모든 역사에서, 하나의 역사적 사건이 일어나는 데는 반드시 필연적인 그 시대의 사회적·문화적·정치적 배경이 있는 법입니다. 따라서 우리가 하나의 역사적 사건을 옳게 평가하기 위해서는 반드시 그 배경에 대한 분석과 이해가 되어야 합니다. 과학적 발견도 다르지 않습니다. 우리가 지금 공부하고 있는 양자론도 마찬가지입니다.

양자론이 나오기까지는 수많은 우여곡절이 있었습니다. 그것을 이번 시간부터 알아보자는 것입니다. 우리는 첫 번째 시간에 흑체 복사에 대해서 공부했습니다. 이 흑체 복사 문제를 아주 기발한 아이디어로 실험을 시도한 사람이 바로 빈입니다.

—박사님이 아니고 빈이에요?

음, 나는 훨씬 후에 등장합니다. 일종의 무임승차를 한 셈이지요.

학생들은 깜짝 놀라는 표정이었다. 기발한 아이디어로 흑체 복사 문제를 해결하고 양자 이론을 세워 1918년에 노벨 물리학상을 탄 사람이 바로 플랑크 박사라고 알고 있던 학생들이었기 때문이었다. 플랑크 박사가 백열전구 스위치를 켜자 어둡던 방 안이 밝아졌다.

자, 이게 뭘까요?

플랑크 박사가 손에서 기구를 하나 들어올리며 묻자 아이들의 눈이 호기심으로 반짝거렸다.

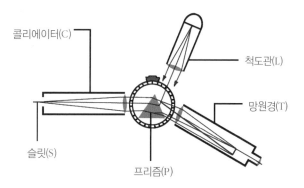

__ 뭔데요, 박사님?

바로 분광기라고 하는 겁니다. 어떤 물질이나 빛을 내놓지
요? 분광기란 물질이 내뿜는 빛의 스펙트럼을 볼 수 있는 기
구랍니다.

박사의 말에 아이들이 모두 합창하듯 물었다.

__그건 어디에 쓰는 건데요?
지금부터 보게 될 불꽃들을 이 분광기로 볼 거예요. 자, 어
떤 스펙트럼이 보입니까?

__모든 색깔들이 다 보이는데요?
__아주 아름다운 색 띠가 나타나요.

학생들은 신나는 듯 저마다 느낀 소감을 이야기했다.

여기 염화나트륨 수용액이 있습니다. 이 염화나트륨을 찍

어 불꽃 속에 태워 볼 테니 여러분들은 분광기를 통해서 스펙트럼을 관찰해 보세요.

플랑크 박사가 스위치를 누르자 방 안이 어두워졌다.

플랑크 박사는 염화나트륨 수용액을 철사 막대로 찍어 불꽃에 갖다 댔다.

잠시 후 불꽃은 노란색으로 변했다.

학생들은 분광기로 나트륨 불꽃에서 나오는 스펙트럼을 관찰했다.

어떤 스펙트럼이 보이나요?

— 몇 개의 노란 선밖에 보이지 않습니다.

백열전구를 보았을 때와 어떻게 다른가요?

— 그때는 모든 색깔의 스펙트럼이 다 보였는데, 지금은 노란색 선만 보입니다.

아, 그렇군요. 그럼 실험을 좀 바꾸어서 해 봅시다.

플랑크 박사는 이번에는 백열전구의 불빛을 차가운 나트륨 기체에 통과시키는 가상 실험을 보여 주었다. 그런데 이상하게도 스펙트럼에서는 나트륨을 불꽃 반응시켰을 때 나타났던 노란색 선만이 마치 이가 빠진 것처럼 검은색 선으로 나타났다.

플랑크 박사는 3개의 스펙트럼을 나란히 놓고 물었다.

흡수 스펙트럼

방금 본 이 두 현상을 어떻게 설명할 수 있나요? 누구 설명 한번 해 볼까요?

__저요! 아까 나트륨 용액을 불에 태웠습니다. 어떤 물질을 태운다는 것은 그 물질에 열을 가하는 것입니다. 따라서 나트륨 용액은 온도가 높아져서 일정한 파장의 빛을 내보내게 됩니다. 그리고 나트륨 원소의 특성인 노란색 파장이 보이는 것입니다.

늘 자신만만한 현철이가 말했다.

그렇다면 백열전구의 불빛을 차가운 나트륨 기체에 통과시킬 때는 왜 노란색이 나타나지 않지요?

— 반대가 아닌가요?

반대라…….

플랑크 박사는 팔짱을 끼더니 예리한 눈빛으로 현철이를 응시하면서 중얼거렸다.

좀 더 자세하게 설명할 수 있나요?

현철이가 벌떡 일어나 자신 있게 대답했다.

— 이건 대칭성의 원리에 의해서 설명할 수 있을 것 같습니다. 어떤 물질이 뜨거울 때 자신만이 가진 파장의 빛을 방출하였다면, 차가울 때는 그 반대로 자신만이 가진 빛을 흡수하기 때문이 아닐까요?

대칭성의 원리?

플랑크 박사는 현철이의 대답에 감탄한 듯 보였다.

우리 현철 군의 기발한 생각에 대해 박수를 쳐 줍시다! 나는 오늘 여러분들의 입에서 이 문제를 공부하는 데 '대칭성의 원리'라는 말이 나올지 정말 예측하지 못했어요. 대칭성의 원리는 우리가 물리를 공부하고 자연을 연구하는 데 있어서 늘 적용해 보아야 할 중요한 원리입니다. 많은 물리 법칙이나 원리들이 '대칭성의 원리'에 근거해서 나왔거든요.

현철 군은 나보다 더 똑똑한데요. 좋아요, 문제의 핵심은 현철 군이 다 이야기했듯이 '모든 물질은 뜨거워지면 일정한 파장의 빛을 내보내고, 차가워지면 방출했던 일정한 파장의 빛을 흡수한다'는 사실입니다. 그러면 만일 어떤 물체가 모든 파장의 빛을 흡수한다면 어떻게 될까요?

아이들이 잠시 조용해졌다. 그러자 플랑크 박사가 아이들에게 귀띔해 주었다.

첫 번째 수업을 기억해 보세요. 대장간에서 보았던 석탄은 어떤 색이었지요?

—아, 맞아요. 그때 석탄은 빛을 모두 흡수한 상태이기 때문에 검은색이었어요. 그러니까 까맣게 될 것 같아요!

—맞아요. 그 물질은 흑체가 됩니다.

상준이의 대답에 이어 태호도 기회가 왔다는 듯 대답했다. 그러자 플랑크 박사가 다시 말했다.

좋아요. 까맣게 되겠지요. 바로 첫 번째 시간에 우리가 공부했던 흑체 복사의 문제입니다. 여기서 빈은 기발한 생각을 했습니다.

그래요. 빈은 '흡수된 빛이 나올 수 없는 상황을 어떻게 만들 수 있을까?' 하고 고민했습니다. 해답은 바로 첫 번째 시간에 잠깐 이야기했던 '작은 구멍이 뚫려 있는 검은 공'입니다. 공 속으로 들어간 빛은 내부에서 이리저리 반사가 되겠지만 작은 구멍을 통해서 밖으로 빠져나올 확률은 거의 없거든요. 따라서 이런 검은 공을 우리는 흑체라고 한 것입니다.

빈은 이 흑체를 이용하여 실험한 결과, 상자의 재료와는 무관하게 상자의 온도를 올려 주면 상자의 구멍에서 나오는 빛의 스펙트럼에서 가장 강한 빛의 파장은 온도에 반비례해서 더 짧아진다는 사실을 실험으로 확인한 것입니다.

지난 시간에 우리는 '물체의 온도가 올라갈수록 곡선의 마루 값은 파장이 긴 쪽에서 짧은 쪽으로 이동해 가고 있고, 빛의 세기가 더 강해진다.'는 사실을 그래프에서 찾아냈지요?

— 예!

이 사실을 이론적으로 예측하고 실험으로 확인한 사람이 바로 빈입니다. 빈은 그 공로로 나보다 7년 빠른 1911년에 노벨상을 받았습니다.

─그럼 빈은 파장─빛의 세기의 그래프를 어떻게 그렸나요?

좋은 질문입니다.

플랑크 박사가 화면을 건드리자 그래프가 나타났다.

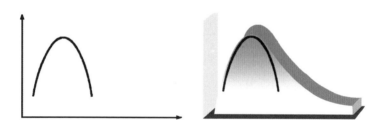

─박사님, 지난 시간에 본 그래프와는 다릅니다!

순발력이 있는 태호가 문제점을 발견이라도 했다는 듯 지적했다.

맞아요. 이 그래프는 완전한 그래프가 아닙니다. 문제는 온도가 올라갈 때, 즉 짧은 파장 영역에서는 실험적으로 확인이 되었는데 긴 파장 영역에서는 어떻게 될 것이냐의 문제는 아직 해결되지 않았다는 점입니다. 즉, 과학자들은 스펙트럼 전체의 모양을 예측하고 싶었던 것입니다.

— 끝이 없군요.

민석이가 퉁명스럽게 한마디 던졌다.

그래요. 끝이 없습니다. 인간의 호기심에는 끝이 없습니다. 그런 끝없는 호기심이 새로운 탐구를 하는 동기 부여가 되고, 그 탐구 결과가 새로운 과학 기술이 발전된 문명을 창출해 내는 것입니다. 그런데 이 문제를 빈보다 스물두 살이나 많은 레일리가 긴 파장 쪽을 설명할 수 있는 식을 만들어 제안했습니다. 빈이 새로운 이론을 제안했을 때가 스물아홉 살이었으니까, 레일리가 제안했을 때는 그의 나이는 쉰한 살이었을 때입니다. 이렇게 과학은 젊은 과학자들에 의해서 발전되기도 하지만 경력이 풍부한 나이 많은 과학자들에 의해서도 발전되고 있다는 사실을 우리는 알아야 합니다.

— 레일리라면 빛의 산란 현상을 알아낸 과학자 아닌가요?

맞아요. 입속에서 나온 담배 연기와 그냥 타고 있는 담배 연기의 색깔이 왜 다른지를 알아낸 레일리가 바로 긴 파장 영역에서의 빛의 세기와 파장 사이의 관계를 알아냈지요.

— 아하! 담배 연기요?

학생들은 이제야 레일리가 누구인지를 알겠다는 듯 여기저기서 수군거렸다.

— 그는 어떻게 이 문제를 알아냈나요?

빈이 검은 상자 속을 채우고 있는 빛의 세기를 기체 분자의 에너지와 비슷할 것이라고 예측했다면, 레일리는 빛을 기체 분자로 보지 않고 상자 안에 있는 빛은 그 파장의 정수배가 상자의 길이와 같은 파동들로 보고 하나의 파장마다 일정한 에너지가 균등하게 분포하고 있다고 본 것입니다.

— 하나의 문제를 해결하는 접근 방법이 다르네요.

태호가 접근 방법의 차이점을 알아차리고 질문을 던졌다.

— 바로 그것입니다. 그것이 유연성입니다. 창의성의 한 요소 중 하나가 바로 유연성입니다. 누구보다도 과학자에게는 유연성이 있어야 합니다. 여러분들도 고정관념으로 사물을 보지 말고 유연한 사고로 사물을 보려고 노력해야 합니다.

플랑크 박사는 물리적 원리나 개념을 강의하면서 늘 학생들의 창의적 사고를 일깨우는 데 노력하고 있었다.

그러나 레일리가 제안한 식은 파장이 긴 붉은색쪽에서의 복사는 잘 설명되었지만 파장이 짧은 푸른색 쪽에서는 설명이 잘되지 않았을 뿐만 아니라, 온도가 올라가면 파장이 짧은 복사파의 세기가 무한히 커지는 모순이 생깁니다. 더욱이 마루가 없기 때문에 빈이 설명한, 물체의 온도에 따른 곡선의 마루 값의 이동에 대한 문제는 설명할 수 없었습니다.

　__레일리가 빛을 하나의 파동으로 본 것이 잘못인가요?

　아닙니다! 다만 빛의 파장이 짧아지면 상자 속에 들어 있는 파장의 개수는 점점 많아질 것입니다. 그렇게 되면 상자 속의 에너지는 점점 더 커지겠지요.

플랑크 박사는 단호하게 말했다.

　__커지면 안 되나요?

　무한정 커진다는 것에는 무리가 있습니다. 레일리의 그래프를 한번 살펴봅시다.

플랑크 박사가 화면을 건드리자 또 하나의 그래프가 빈의 그래프 옆에 나타났다.

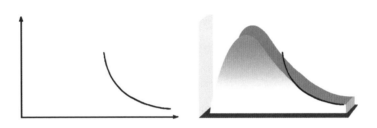

이 두 그래프를 합쳐 볼까요?

플랑크 박사가 레일리의 그래프를 빈의 그래프 위에 포개어 놓자 연결되지 않는 하나의 그래프로 나타났다.

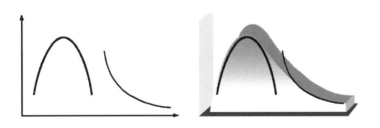

__그래프가 하나의 그래프로 보이지 않는데요?

포개어 놓을 필요가 없다는 듯 석태가 불만을 이야기했다.

맞아요. 바로 그 부분을 다음 시간에 토론하고자 합니다.
이제는 내 이야기를 시작할 것입니다.
　─ 와!

학생들은 다음 시간이 기대된다는 듯 함성을 질렀다.

이게 뭔가요?

이것은 분광기라고 하는 실험 기구예요.

어디에 쓰는 건데요?

짠~, 이것으로 물질이 내뿜는 빛의 고유의 스펙트럼을 관찰하여 물질을 구별할 수 있어요.

모든 색깔들이 다 보이는데요.

그렇지요. 전구 불빛은 모든 색깔들이 연속적으로 나타나는 스펙트럼을 가집니다. 이번에는 염화나트륨 수용액의 불꽃도 분광기로 관찰해 봅시다.

몇 개의 노란 선밖에 보이지 않아요.

그래요. 나트륨 용액의 온도가 높아지면 일정한 파장의 빛을 내보내는데 그것이 노란색 파장이랍니다.

그래서 노란색만 보였군요.

그럼 가상 실험을 해 볼까요? 백열전구의 불빛을 차가운 나트륨 기체에 통과시킬 때는 노란색이 나타나지 않아요. 왜 그럴까요?

고유 파장의 빛을 방출한다면, 반대의 조건에서는 그 빛을 흡수할 수 있지 않을까요?

맞아요. 모든 물질은 뜨거워지면 일정한 파장의 빛을 방출하고, 차가워지면 방출했던 일정한 파장의 빛을 흡수합니다.

빈의 공식과
레일리 공식의 화해

내삽법이란 무엇일까요?
플랑크는 레일리의 수식과 그래프 전체를
설명할 수 있는 방법을 어떻게 찾아냈을까요?

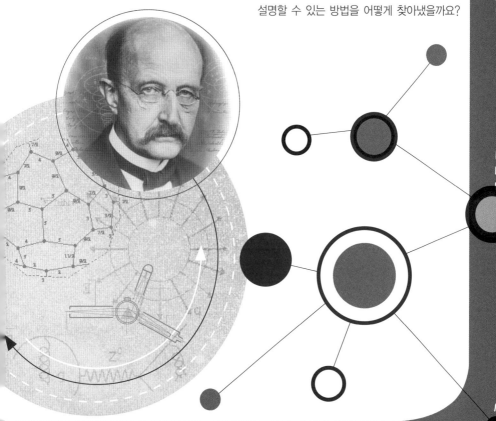

5

다섯 번째 수업

빈의 공식과
레일리 공식의 화해

플랑크가
화기애애한 분위기 속에서
다섯 번째 수업을 시작했다.

오늘부터는 내 이야기를 조금씩 털어놓아야 할 것 같습니다.
__다 털어놓으시지요!

한 학생이 장난스러운 목소리로 농담을 했다.

털어 봐야 먼지밖에 더 나오겠어요.
__하, 하, 하!
오늘은 이 불완전한 그래프를 어떻게 하면 완전한 그래프
로 다시 태어나게 하느냐 그것이 문제입니다.

적어도 흑체 복사의 문제에 대해 고전 물리학적 관점에서 제공할 수 있는 최선의 해결책은 빈과 레일리의 식이나 그래프가 최선이라는 점입니다.

＿최선이라면, 그럼 어떻게 해결해야 하나요?

그것이 바로 그 당시 우리가 당면한 가장 큰 문제였습니다. 짧은 파장의 영역에서는 완벽하게 빈의 수식이나 그래프가 맞았습니다. 긴 파장의 영역에서는 레일리의 수식이나 그래프가 맞는데 전체를 설명할 수 있는 수식이나 그래프는 나오지 않았기 때문이었습니다.

＿박사님, 그냥 연결시키면 안 되나요?

엉뚱한 질문을 곧 잘하던 은석이가 그냥 한마디 던졌다.

어떻게? 아이디어가 있나요?

＿잘 맞는 부분만 골라서 두 그래프를 연결시켜 보면 어떨까요?

한번 나와서 그려 볼까요?

은석이는 싱글벙글 웃으면서 앞으로 나왔다. 그러고는 연결되지 않는 두 부분을 펜으로 연결시켜 하나의 그래프를 만들었다. 그리고 나머지 부분은 ×표시를 했다.

플랑크 박사가 박수를 유도하자 학생들은 싱겁다는 듯 박수를 쳤다.

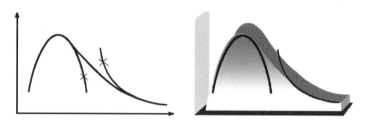

갑자기 그 문제를 해결할 수 있는 아이디어가 내 머릿속을 스쳐 지나갔습니다. 내삽법으로 그리자는 것이었습니다. 내가 찾은 해결 방법은 내삽법이었습니다.

플랑크 박사는 당시를 회상하는지 잔잔한 목소리로 힘주어 설명했다.

여러분들이 실험 시간에 그래프를 그리고 난 후 측정하지 않은 값을 찾을 때 자주 써먹었던 아주 기본적인 내삽법이 이렇게 사용될 줄을 누가 알았겠습니까? 두 사람의 공식을 화해시킬 방안이 떠오른 것입니다.

__ 박사님, 내삽법이 무엇인가요?

이제까지 말이 없던 민철이가 정말 모르겠다는 듯 진지하게 질문했다.

아, 내삽법? 여러분들이 실험 시간마다 써먹는 아주 기본적인 것인데, 한자로 된 말이라 어렵게 느껴졌군요.

플랑크 박사가 화면을 건드리자 스탠드에 매달린 용수철 사진 두 개가 떠올랐다.

여기 용수철이 2개 있지요? 이 각각의 용수철에 질량이 같은 추를 매달아 늘어난 길이를 측정해 봅시다.

추의 질량(g)	용수철 1(cm)		용수철 2(cm)	
	전체 길이	늘어난 길이	전체 길이	늘어난 길이
추가 없을 때	57.5	0	40.4	0
50	63.5	6	49.2	8.8
100	69.5	6	57.9	8.7
150	75.5	6	67.1	9.2
200	81.5	6	75.2	8.1
250	87.5	6	83.9	8.7
300	93.5	6	92.8	8.9

플랑크 박사가 추를 끌어다 용수철에 갖다 놓자 화면에는 저절로 표가 형성되고 측정값이 기록됐다. 질량이 달라짐에 따라 전체 길이와 늘어난 길이가 기록되면서 동시에 그래프가 생성되었다.

다음 그래프에서 만약 용수철 2에 질량이 175g인 추를 매달았다면 늘어난 길이는 얼마일까요?

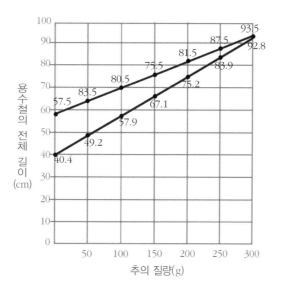

＿＿두 그래프 중 아래의 그래프에서 추의 질량과 늘어난 길이 사이가 비례하니까 그래프에서 찾아보면 약 70cm입니다.

똑똑하군요. 그것이 바로 내삽법이라는 것입니다. 즉, 그래프 안에서 임의의 값을 찾아내는 방법이지요.

＿그러면 외삽법이란 그래프 밖에서 실험하지 않은 값을 찾아내는 건가요?

민철이가 이제는 모든 것을 알겠다는 듯 외삽법에 대해서 스스로 답을 내고 있었다.

플랑크 박사는 그런 민철이를 기특해 하면서 고개를 끄덕였다. 그리고 아직 끝나지 않았다는 듯 계속해서 질문을 던졌다.

지금 가상 실험을 해 본 것처럼 여러분이 실험 시간에 데이터를 측정하면 맨 먼저 무엇을 하나요?

＿표를 작성합니다!

그 다음에는요?

＿그래프를 그리지요.

학생들은 당연하다는 듯 자신 있게 대답했다.

그래프는 왜 그리나요?

아주 쉬운 질문이었는데도 학생들은 망설였다.

__두 물리량 사이의 관계를 알기 위해서 그래프를 그립니다. 즉, 여기서는 용수철에 가한 힘과 늘어난 길이 사이의 관계를 알기 위해서 그래프를 그리는 것입니다.

　당연하다는 듯 태호가 자신 있게 대답했다.

　좋습니다. 바로 그것입니다. 물리학이란 관계의 학문이지요. 사물과 인간, 사물과 사물 사이의 관계를 표현한 것이 바로 수식입니다.
　이제 본론으로 돌아갑시다. 그 당시 우리의 가장 큰 문제는 내삽법으로 연결한 이 그래프를 뒷받침해 줄 수 있는 수식이었습니다.

　플랑크 박사가 화면을 건드리자 두 그래프의 가운데를 펜으로 연결했던 그래프가 다시 화면에 나타났다.

　보세요. 짧은 파장 영역에서는 빈의 수식이 그래프와 일치하고, 긴 파장 영역에서는 레일리의 수식이 그래프와 일치하는데, 왜 전체를 표현하는 수식은 찾아낼 수 없었을까요?

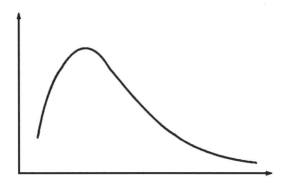

고뇌에 찬 플랑크 박사의 모습에 학생들도 숨을 죽인 채 말이 없었다.

수식을 찾자! 완벽한 수식을 찾자! 그것이 나의 목표였습니다. 그런데 정말 하느님이 도우셨는지 어느 날 빈이 만들어 낸 식의 분모에서 1을 뺀 후 그래프를 그려 보니 내삽법으로 그린 그래프와 정확하게 일치하는 것이었습니다.

＿그럼 우연이었단 말인가요?

태호가 의심스럽다는 듯이 질문했다.

예. 솔직히 그것은 일종의 행운이었습니다. 추측으로 만들어 낸 내삽법에 의한 아이디어가 우연의 일치로 분모에서 1을 빼 완전한 공식을 만들었으니까요. 우연한 행운이라고 할 수 있지요.

그러나 과학에는 완전한 우연이란 없습니다. 필연적인 통찰의 덕분이지요. 그리고 그 단점을 보완하기 위해 나는 그날부터 이 수식과 그래프가 갖는 물리적 의미를 찾는 것에 주력했으니까요.

＿＿필연적인 통찰이라는 말씀의 의미를 잘 모르겠어요.

그럼 통찰의 예를 하나 들어 볼까요? '유레카!' 하면 누가 떠오릅니까?

＿＿아르키메데스이지요!

여기저기서 당연하다는 듯 학생들이 대답했다.

최초에 스트리킹(벌거벗고 대중 앞에서 달리는 일)을 한 과학자는?

＿＿그것도 아르키메데스예요.

아르키메데스는 왕관이 순금으로 만들어졌는지를 알아내라는 명령을 왕에게 받았습니다. 그는 아무리 연구를 해도 그 방법을 알아낼 수 없었어요. 그는 고민을 하다가 목욕을 하려고 목욕탕 안으로 들어갔습니다. 목욕탕 안에 몸을 담그자 자신의 무게만큼 물이 넘치는 것을 보고 우연히 왕관이 순

금인지 가려 낼 수 있는 부력의 원리를 발견했지요. 그러나 우리는 그것을 우연이라고 하지 않습니다.

누구나 목욕탕에 가고, 물이 넘치는 것을 알지만 그것에서 부력의 원리를 떠올리지는 않지요. 적어도 과학에서 우연은 없습니다. 오랜 고민과 연구 끝에 나타나는 섬광과 같은 예지에 의한 발견과 통찰과 깨달음의 결과에 의해서 얻어지는 것입니다.

__ 박사님, 빈의 수식은 어떤 것이었나요?

현철이가 빈의 수식에 대해 질문했다. 그러자 플랑크 박사가 손을 저으며 말했다.

아직 여러분의 단계에서는 복잡한 수식을 쓰면 거부 반응이 일어날 것 같아서 여기서는 쓰지 않겠습니다. 적절한 생략법은 호기심을 불러일으키는 법이니까 수식은 생략합시다.

__그럼 빈의 식 분모에서 1만 뺀 것으로 두 수식을 통일한 것인가요?

태호의 질문에 플랑크 박사가 대답했다.

그래요. 바로 빈의 식 분모에다 −1을 써 넣고 그래프를 그렸더니 모든 영역에서 일치하는 수식이 만들어진 것입니다.

학생들은 깜짝 놀라는 표정이었다. 19세기 후반기의 물리학자들의 고민거리가 이렇게 우연히 해결되었다는 사실이 믿어지지 않았기 때문이었다. 뭔가 대단한 과정이 있었겠지 하고 기대한 학생들의 얼굴에 실망감이 떠올랐다.
이런 학생들의 심리를 눈치 채지 못할 플랑크 박사가 아니었다.

왜, 불만이 있나요?
＿ 예! 양자 역학적 새로운 세계를 활짝 열었다는 양자론이 우연과 쉬운 내삽법에 의해 정립되었다는 점에 실망했어요.

민석이가 실망한 얼굴로 이의를 제기했다.

그렇게 생각할 수도 있지요. 그러나 쉬운 내삽법이 아니라 위대한 내삽법이지요. 새로운 아이디어란 기초와 기본이 튼튼할 때 나오는 것이지 하늘에서 어느 날 갑자기 떨어지는 것이 아닙니다.

플랑크 박사는 학생들에게 기본에 충실하라고 충고했다.

좋아요! 민석 군의 말대로 나 역시 이것은 아니라고 고민했습니다. 그 고민을 다음 시간부터 털어 놓겠습니다.

이것은 내가 점찍어 놨거든.

넌 많이 먹었잖아. 내가 먹을 거야.

이렇게 한 조각을 반 나눠서 먹으면 되잖아요.

아~, 네.

둘이 화해하는 것을 보니 내가 빈 공식과 레일리 공식을 화해시킨 게 생각나는군요.

공식을 화해시켜요?

빈의 수식은 짧은 파장 영역의 그래프에서만 일치하고, 레일리의 수식은 긴 파장 영역의 그래프에서만 일치했는데 전체 파장 영역을 표현하는 수식은 찾지 못했답니다.

그럼 선생님께서 해답을 찾으셨나요?

네. 수식을 찾던 어느 날 빈이 만들어 낸 식의 분모에서 1을 뺀 후 그래프를 그려 보니 내삽법으로 그린 그래프와 정확하게 일치하는 것이었습니다.

그럼 우연이었단 말인가요?

예. 솔직히 그것은 일종의 행운이었습니다. 그러나 과학에는 100% 우연이란 없습니다. 필연적인 통찰 덕분이지요.

연속이냐, 불연속이냐?
그것이 문제로다

흑체 복사의 에너지는 연속일까요? 불연속일까요?
양자란 무엇일까요?
양자의 개념에 대해서 알아봅시다.

6

연속이냐, 불연속이냐?
그것이 문제로다

플랑크가
창밖의 비가 내리는 모습을 보다가
갑자기 질문을 던지며
여섯 번째 수업을 시작했다.

저 빗줄기는 연속적으로 보입니까? 불연속적으로 보입니까?

＿빗줄기이니까 연속이겠지요?

약간 당황하는 표정으로 생각에 잠긴 아이들 사이에서 상준이가 대답했다.

＿아닙니다. 결국 하나의 빗방울이 떨어지는 것이니까 불연속적이라고 해야 합니다.

＿보이기는 연속적으로 보이지만 사실은 불연속적이라고
해야 해요.

태호의 반박에 이어 창규가 야무진 목소리로 말했다.

좋아요! 오늘 우리는 아주 중요한 문제, 즉 흑체 복사의 에
너지를 연속적 개념으로 보아야 하느냐, 불연속적 개념으로
보아야 하느냐의 문제를 다루고자 합니다. 석탄, 양초가 탈
때 분명히 빛이 나오는데, 그 빛 에너지는 어떻게 나오는지
를 오늘 생각해 보기로 해요.
＿박사님께서는 물체가 탄다는 것은 원자가 진동하기 때
문이라고 가정하지 않으셨나요?

태호의 물음에 박사가 대답했다.

그렇습니다. 그래서 '진동자'라는 새로운 개념을 도입한 것
입니다.
＿원자도 진동을 하나요?

석테가 질문했다. 원자라는 개념도 어려운데 원자가 진동을 한다는

새로운 가정을 선뜻 받아들이기가 어려웠던 모양이었다.

나는 검은색 물체가 탈 때 복사 에너지가 나오는 이유는 흑체를 이루고 있는 원자들이 진동을 하기 때문이라고 가정했습니다. 그리고 이때 진동을 하고 있는 진동자가 갖는 에너지는 진동자가 가져야 하는 어떤 기본적인 에너지 값에 비례해야 한다는 가정을 세워 보았습니다.

플랑크 박사는 이런 가정을 하던 당시를 회상이라도 하듯 조용하면서도 또렷한 목소리로 강의를 계속했다. 그때 누군가가 낮지만 뚜렷한 목소리로 말했다.

__ 문제는 가정이야! 가정!
__ 물체가 탈 때 나오는 빛의 파장이 원자들의 진동에 의한 거라고?
__ 그럼 왜 진동하는 거야?
__ 밖에서 에너지를 받았으니까 진동하지, 왜 진동을 해!

팔짱을 낀 플랑크 박사는 미소를 짓고 학생들의 대화를 지켜보고 있었다.

__박사님! 그럼 원자가 진동을 할 때도 최소 단위의 에너지를 가져야 하는 건가요?

　현철이가 빨리 결론을 알고 싶다는 듯 플랑크 박사를 다그쳤다.

　그렇습니다. 흑체 복사에서 방출되는 빛 에너지는 원자들의 진동으로 생기는 것입니다. 그리고 그 진동 에너지는 어떤 임의의 값인 Q(에너지의 단위)의 정수배로 되어 있어야 한다는 것이 제가 세운 가설이었지요.
　__박사님! 왜 하필이면 Q인가요?
　한 Q 잡으려고요!

　플랑크 박사가 웃으며 대답했다.
　플랑크 박사의 익살에 교실은 한바탕 웃음바다로 변했다.

　__우리 형이 툭하면 쓰는 말을 박사님도 쓰시네요. 한 Q 잡겠다고요?
　__아아, 박사님 당구 치세요?

　여기저기 웃음소리로 시끄러워지자 태호가 잘난 척하며 말했다.

__ 박사님은 지금 농담으로 말씀하신 거잖아! 양자가 영어로 콴툼(Quantum)이니까 Q로 쓰는 거야!

__ 아하! 당구공? 그럼 질량을 가진 입자이잖아?

__ 박사님, 그럼 박사님은 에너지가 연속적이 아니고, 불연속적이라고 주장하셨다는 건가요?

여기저기서 한마디씩 하자, 조용히 생각에 빠져 있던 플랑크 박사가 입을 열었다.

그렇습니다. 나는 이제까지 모든 사람들이 연속적이라고 보아 왔던 빛의 개념을 불연속적이라는 개념으로 바꾸어야 한다고 주장했던 것입니다. 그래서 나는 Q라는 최소 에너지를 갖는 하나의 진동자를 양자(量子, Quantum)라고 명명했던 것입니다.

__ 양자(量子)라고요? 어떤 양을 가지고 있는 입자라는 뜻인가요?

이번에는 현철이가 물었다.

그렇지요. Q라는 양을 가지고 있는 입자를 양자(量子)라고

부르고 싶었습니다. 따라서 에너지는 연속적인 개념이 아니라 띄엄띄엄 불연속적인 단위로 존재하는 개념이라는 것입니다.

＿박사님 가정이 맞는다면 관계식은 어떻게 표시하나요?

플랑크 박사는 $E=nQ$라고 큼직하게 그리고 힘차게 적었다.

여기서 n은 정수입니다. 그리고 양자의 개수(Quantum number)를 의미합니다. 따라서 흑체의 공동 복사에서 나오는 에너지 E는 Q의 최소 에너지를 갖는 n개의 양자가 모여 만들어진 것이라는 게 나의 생각입니다. 다시 말하면 진동자의 에너지가 양자화(量子化, quantized)되어야 한다는 것입니다.

＿＿박사님! 양자화라는 말이 선뜻 이해가 잘 안 되는데요?

어렵지요? 사실 나 자신도 내가 만들어 놓은 이 가정에 대해 오랜 기간 동안 의문을 품었습니다. 그리고 이 이론을 뒷받침해 줄 과학적 근거를 찾기 위해 오랜 시간을 허비했습니다. 자, 여기 한 꾸러미의 달걀이 있습니다. 내가 어렸을 때는 달걀 10개를 묶어서 짚으로 한 꾸러미를 만들어 시장에 나가 팔곤 했습니다.

자! 그림에서 보는 것처럼 하나의 달걀을 Q라고 합시다. 그러면 달걀 한 꾸러미는 10개의 Q가 되겠지요? 달걀 하나하나는 보이지 않지만 달걀 한 꾸러미는 볼 수 있으므로 한 꾸러미의 에너지는 10개의 Q가 모여서 된 것입니다. 그러므로 우리 눈에 보이는 색광의 에너지는 여러 개의 Q가 모여서

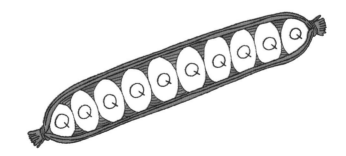

만들어졌다는 것이지요.

그제서야 상준이는 이해가 된다는 듯 고개를 끄덕였다.

또 하나의 중요한 사실은 전자나 원자들이 안정 상태로 가만히 있을 때는 에너지를 내보내거나 흡수하지 않는다는 것입니다. 그러나 에너지가 낮은 상태로 내려갈 때나 높은 상태로 올라갈 때는 에너지를 방출하거나 흡수한다는 가정을 세워 본 것입니다.

__점점 더 어려워지는데요?

플랑크 박사가 화면을 건드리자 에너지 수준의 그림이 나타났다.

$$E_\infty$$
$$\vdots$$
$$E_4$$
$$E_3$$
$$E_2$$
$$E_1$$

마음을 열고 생각하면 아주 쉬운 문제입니다. 양자화된 상태로 가만히 있을 때는 빛을 방출하거나 흡수하지 않고, 하나의 상태에서 다른 상태로 변할 때에만 빛을 방출하거나 흡수한다는 것입니다. 즉, 안정 상태로 가만히 있을 때는 에너지를 방출하거나 흡수하지 않는다는 것이지요. 다음 그림과 같이 바닥 상태에 있던 원자가 흥분 상태로 되면 높은 에너지 상태로 올라갔다가 다시 안정 상태로 되돌아오기 위해 낮은 상태로 내려올 때 $E = E_2 - E_1$의 에너지를 방출하는 것입니다.

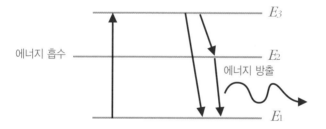

__흥분 상태?

플랑크 박사의 강의가 길어지자, 어디선가 어휘가 재미있다는 듯 반응이 나왔다.

예! 바로 그것입니다. 사람도 약을 올리면 흥분되고 급기야는 화가 나서 벽을 주먹으로 치는 행동을 하기도 합니다. 이것은 흥분된 에너지를 밖으로 방출하여 안정 상태로 돌아가려는 행동인데 전자나 원자들도 마찬가지입니다.

박사의 설명에 아이들이 웃음을 터뜨렸다.

어쨌든 나의 이론은 혁명적이었습니다. 하지만 당시 대부분의 과학자들이 이러한 이론을 받아들이려 하지 않았지요. 그러나 아인슈타인(Albert Einstein, 1879~1955)은 충격적인 이 이론을 받아들이고 이렇게 말했습니다.

"물리학의 이론적 기초를 이 새로운 생각에 맞추려는 나의 모든 노력은 완전히 허사가 되었다. 그것은 마치 내가 딛고 서 있는 대지가 없어져 버린 것과 같은 모양이 되었다."

밖에는 어느새 한줄기의 소낙비가 그치고 밝은 햇살이 빛나고 있었다. 연속적인 빗줄기는 결국 하나의 빗방울의 자취라는 사실을 알려주고는 훌쩍 떠나 버렸다.
플랑크 박사는 햇살이 빛나는 창밖을 바라보며 말했다.

밖을 보세요! 찬란한 햇살이 빛나고 있지요? 저렇게 비추고 있는 햇살도 결국 하나의 광자(光子)들의 집합이라는 것을 우리는 알아야 합니다.

＿박사님, 양자에서 웬 또 광자입니까?

우리는 지금 빛을 공부하고 있습니다. 이번 시간의 핵심은 '빛 에너지는 연속적이 아니라 띄엄띄엄 불연속적이라는 것'입니다. 따라서 빛은 입자적 입장에서 광양자(光量子)라고 할 수 있지요. 다만 광자(光子)라는 말은 내가 한 말이 아니고 여러분들이 잘 알고 있는 아인슈타인이 한 이야기입니다. 사실 나 자신도 믿을 수가 없으니까요.

＿그렇다면 이 세상 모든 것은 다 불연속적입니까?

네. 어느 관점에서 보면 다 불연속적이라고 할 수 있지요. 이러한 불연속적인 세계관이 새로운 세상을 만들고, 새로운 사상과 가치를 만들어 이끌어 나가고 있는 것이 바로 오늘 우리가 살고 있는 이 시대입니다. 나머지는 다음 시간에 이야기 나누겠습니다.

＿물리 시간입니까, 철학 시간입니까?

석태가 웃으면서 재미있다는 얼굴로 한마디 했다.

좋습니다. 바로 그 문제를 다음 시간에 다루자는 것입니다.

학생들이 일어섰다. 그때였다.

$6Q + 4Q$는 얼마인가요?

플랑크 박사의 갑작스런 질문에 태호가 웃으며 말했다.

__ 10(ten)Q.

No! Thank you!

몇몇 학생들만이 그 의미를 알아듣고 웃음을 터뜨렸다.

과학자의 비밀노트

양자(quantum)와 광자(photon)

양자는 더 이상 나눌 수 없는 에너지의 최소량의 단위이다. 즉, 에너지의 개념을 연속적인 것이 아니라 불연속적인 것으로 나타낸다. 가령 빛 에너지는 고전 물리학에서 연속적인 양으로 다루지만, 아인슈타인은 그 에너지 양자를 진동수인 전자기파 에너지를 구성하는 소량이라 보고 광자라 하였다. 광자 한 개의 에너지는 플랑크 상수(h)에 빛의 진동수(ν)를 곱한 값, 즉 hν이고 운동량은 hν/c(c는 진공에서 빛의 속도)이다.

선생님, 불빛은 연속 스펙트럼을 가지니까 연속적인 에너지 값을 가지는 것이죠?

불빛은 연속적인 것 같지만 띄엄띄엄 불연속적인 에너지 값을 가져요.

네? 그게 무슨 말씀이세요?

선생님께서는 물체가 탄다는 것이 원자가 끊임없이 진동하기 때문이라고 가정하지 않으셨나요?

그렇습니다. 여기서 나는 '진동자'라는 개념을 도입하여 진동자가 갖는 에너지는 어떤 기본적인 에너지 값에 비례해야 한다고 가정했죠.

이 촛불에서 방출되는 빛 에너지도 원자들의 진동으로 생기는 것인가요?

맞아요.

그 진동 에너지는 어떤 임의의 값인 Q(에너지의 단위)의 정수 배로 되어야 한다는 것이 내가 세운 가설이지요.

E=nQ

즉, Q라는 최소 에너지를 갖는 하나의 진동자를 양자라고 하면 빛 에너지는 n개의 양자가 모여 만들어진 불연속적인 것으로 설명할 수 있지요. 이를 진동자의 에너지가 양자화되어 있다고 합니다.

아~, 그렇군요.

양자 이론의 꽃 플랑크 상수 h의 물리적 의미— 거시 세계와 미시 세계

양자를 표현하는 수식의 비례 상수는 무엇일까요?
거시 세계와 미시 세계는 어떻게 다를까요?

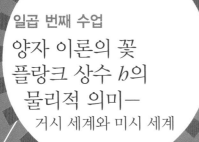

일곱 번째 수업

양자 이론의 꽃
플랑크 상수 h의
물리적 의미 ─
거시 세계와 미시 세계

플랑크가 화면에 나타난
수식을 주의 깊게 보면서
일곱 번째 수업을 시작했다.

플랑크 박사는 강의 시간에 늘 '수식의 의미'를 터득하라고 강조했다.

나는 물리학이란 본질적으로 문제 풀이가 아니라 〔사물이 존재하는 방식에 대한 놀라움이며 발견에 대한 기쁨의 과정〕이라고 생각해요. 특히 물리학자는 사물이 그렇게 존재하지 않으면 안 되는 이유를 찾아내는 데 관심을 가져야 하지요.

따라서 물리학을 공부하는 사람들은 우리가 살고 있는 자연 속에서 사물들이 어떻게 존재하고 있는지, 그리고 왜 그렇게 존재해야 하는지를 관찰하여 '발견의 기쁨'을 즐길 수

있어야 한다고 생각합니다. 즉, 나는 물리학에서 수학을 빼고 나면 '자연에 대한 놀라움의 표현이요, 황홀경이며 깨달음'이라는 점을 늘 강조했지요.

그러나 학생들은 막연히 그럴 것이라는 생각은 하면서도 완전히 동의한 표정은 아니었다. 왜냐하면 물리를 통해서 깨달음을 얻고 황홀경에 빠질 수 있는 경험을 해 보기란 쉬운 일이 아니었기 때문이었다.
오늘도 어김없이 태호가 손을 들고 질문을 했다.

__ 박사님, ten Q는 10개의 Q로 되어 있다는 말씀인가요?
그렇습니다.
__ 그렇다면 Q는 또 무엇으로 되어 있나요?

태호의 질문이 점점 집요해졌다.

그것이 나의 고민이었지요. 마치 다섯 번째 시간에 용수철 문제에서 나왔던 $F = kx$처럼 Q라는 양을 가지고 있는 양자도 어떤 값에 비례하는 수식으로 표현할 수 있을 것이라는 생각에 도달한 것입니다.

용수철 문제를 끌어 와서 양자 개념을 설명하는 것이 플랑크 박사의 생각이었다.

용수철에서는 힘(F)과 늘어난 길이(x)의 문제였지요? 그러니까 $F \propto x$인데, 이때 비례 상수가 용수철마다 탄성이 다르기 때문에 탄성 계수 k를 비례 상수로 쓴 것이지요?

— 네!

그렇다면 여기서는 무엇과 무엇의 문제입니까?

— 빛의 세기와 색깔의 문제입니다.

— 빛의 에너지와 파장의 문제입니다.

— 에너지와 진동수의 문제입니다.

학생들은 저마다 한마디씩 의견을 제시하면서 강의실은 소란스러워졌다.

좋습니다. 대칭성의 원리에 따라 우리도 수식을 만들어 봅시다. 먼저 빛 에너지는 n개의 Q가 모여서 만들어진 것이기 때문에 $E = nQ$라고 쓸 수 있지요. 그런데 우리가 알고 싶은 것은 양자 Q입니다. 이 양자 Q는 또 무엇으로 되어 있느냐의 문제입니다.

플랑크 박사가 탁자에 놓인 단말기에 Q라고 치자 화면에 크게 나타났다.

용수철에서 힘과 늘어난 길이 사이가 $F=kx$로 표시되는 것처럼 이 Q값도 어떤 물리량과 관계가 있겠지요?

플랑크 박사의 질문에 학생들이 조용해졌다. 아이들이 무엇인가를 깊게 생각하고 있는 듯 보였다. 그때 말없이 앉아만 있던 은석이가 씽긋 웃으면서 대답했다.

__ 이제까지 박사님이 불꽃의 색깔에 대해서 강의하셨으니까 파장과 관계있는 것이 아닐까요?

맞아요! 정확한 대답입니다. 그런데 파장이 짧으면 에너지가 큽니다. 그러면 반비례하네요. 나는 그것이 싫었습니다. 비례하는 식으로 표현할 수 없을까요? $F=kx$처럼!

플랑크 박사는 학생들의 생각을 모아서 결론을 내리고자 시도했다.

__ 그럼 진동수로 표시하면 되겠네요?

이게 바로 우리가 만들려는 수식입니다.

박사가 쓴 수식이 화면에 커다랗게 떠올랐다.

박사님! 왜 비례 계수인 상수를 하필이면 h로 정하셨나요?

상준이가 궁금했던지 플랑크 박사와 h의 관계를 질문했다.

네. h라는 글자가 멋있으니까요!
__ 에이, 그렇게 마음대로 이름을 지어도 돼요?

아이들이 동시에 묻자 플랑크 박사가 웃으며 설명을 시작했다.

내가 제창한 양자 이론은 이론이 나온 후에 실험으로 확인된 것이 아닙니다. 여러 과학자들에 의해 실험으로 먼저 확인된 것을 이론적으로 밝혀낸 것입니다.

이런 관점에서 전혀 새로운 이론을 창출해 낸 것입니다. 따라서 그때까지 빈과 레일리 등이 알아내지 못한 상수를 통합하여 나는 b라는 상수를 붙인 것입니다.

__볼츠만 상수도 박사님이 계산했다는 것을 읽은 적이 있는데 사실인가요?

태호가 사실을 확인하고 싶은 어조로 질문했다.

그러니까 그 당시만 해도 나의 관심은 지금까지 설명한 양자적 관점에 있던 것이 아니라 나의 영원한 동반자이며, 경쟁자였던 볼츠만의 고전 열역학적 이론에 머물러 있었습니다.

플랑크 박사는 옛날을 회상하는 듯 고요한 눈빛으로 학생들을 향해서 걸어 나갔다. 그리고 화면을 건드리자 볼츠만 박사의 사진이 나타났다.

사실 나의 스승이신 키르히호프(Gustav Kirchhoff, 1824~1887)박사가 돌아가시자 베를린 대학은 나를 교수로 초빙한 것이 아니라 볼츠만을 초빙했었지요. 그런데 볼츠만은 베를린 대학의 요청을 거절했습니다. 그래서 대타로 내가 들어가 나의 또 다른 스승이신 헬름홀츠 박사님과 같이 근무하게 되었습니다. 나에게는 큰 행운이었던 셈이지요.

왜냐하면 그 당시 헬름홀츠 박사는 명성이 자자한 열역학과 전자기학의 대가였었으니까요. 그런 분과 같이 동료 교수로서 토론을 할 수 있었다는 것은 대단한 행운이었지요. 어쩌면 볼츠만이 거절한 것이 나에게는 하나의 운명적 기회였다고 할 수 있지요. 그러나 스승님은 내 논문을 그다지 칭찬해 주시지는 않았어요.

그러나 후일 '열역학과 가역성'에 대한 나의 논문은 열역학 교과서의 주요 내용으로 학생들의 길잡이가 되었습니다. 어쨌든 나는 스테판의 법칙과 빈의 열역학 법칙으로부터 h와 k 값을 계산해 낼 수 있었습니다. 1900년 12월 14일이던가요? 베를린 물리학회에서 논문을 발표할 때 내가 계산한 이 두 상수 값에 대해서 발표를 했지요.

__ 어떤 식을 발표하셨는데요?

태호가 질문했다. 플랑크 박사가 화면을 건드리자 h 값이 화면에 나타났다.

$$h = 6.625 \times 10^{-34} \mathrm{J} \cdot \mathrm{s}$$

여기서 중요한 건 계산 값이 아니라 이 값의 물리적 의미입니다. 즉, 상수 h의 값이 10^{-34}이라는 점입니다. 계산 값이야 내가 계산하지 않았어도 언젠가는 누군가가 계산해 냈겠지요. 여기서 지수가 매우 작다는 데 여러분들은 관심을 가져야 합니다.

__ 지수가 그렇게 중요한가요?

그럼요. 지수가 중요하지요. 핵심은 앞에 있는 숫자가 아니라 10^{-34}라는 지수입니다. 이 값은 말할 수 없이 매우 작은 값이지요?

플랑크 박사는 학생들에게 동의를 구했다.

__ 예!

얼마나 작은 값인지 아나요?

__ 모르겠는데요? 감이 잡히지 않습니다.

원자핵의 크기가 어느 정도이지요?

__ 10^{-14} 정도입니다.

맞아요. 원자핵의 크기보다도 훨씬 작은 세계의 이야기입니다. 따라서 이렇게 작은 세계에서는 우리가 상상할 수 없는 일들이 벌어질 수 있다는 것입니다.

__ 어떤 일들이 벌어질 수 있나요?

태호가 호기심 가득한 얼굴로 질문했다.

예, 이 작은 세계에서는 입자가 파동적 성질을 가지고 있고, 파동이 입자적 성질을 가지고 있습니다.

플랑크 박사의 말이 이해가 되지 않는 듯 아이들이 얼굴을 찡그렸다.

　__그렇게 따지면 남자가 여자가 되고, 여자가 남자가 될 수 있다는 건가요?

　__그럴 수도 있나요? 입자는 입자이고, 파동은 파동이지 어떻게 입자가 파동이고, 파동이 입자일 수 있나요? 물리학에서도 그런 일이 일어날 수 있나요?

학생들이 수근거리자, 평소 강직한 성격을 가지고 있던 윤상이가 도저히 받아들일 수 없다는 듯 불만스럽게 말했다.

그럴 수 없다는 생각은 적어도 우리가 현재 살고 있는 세계 안에서의 일입니다. 우리가 살고 있는 세계에서는 입자는 입자적인 성질만을 가지고 있고, 파동은 파동적인 성질만을 가지고 있지요. 그것이 하나의 법칙이지요. 그러나 우리 눈으로 볼 수 없는 작은 세계, 즉 플랑크 상수 h가 의미를 갖는 세계에서는 다릅니다.

　__과학, 특히 물리학은 확실하고 정확한 데에 그 특징이

있잖아요. 그렇게 보면 이건 말이 안 되는 소리지요.

현철이의 반박에 플랑크 박사는 잠시 말을 멈췄다. 잠시 후 숨을 고른 플랑크 박사가 다시 설명을 시작했다.

맞습니다. 적어도 우리가 살고 있는 세계, 즉 플랑크 상수 h를 볼 수도 없고 만질 수도 없는 세계에서는 이러한 이중성이 나타날 수 없어요.

그러나 플랑크 상수 h가 의미있는 미시 세계에서는 이중성이 허락된다는 것입니다. 따라서 우리가 살고 있는 거시 세계의 관점으로 양자 역학적 세상을 들여다보려 하면 안 된다는 거예요.

__아직 무슨 의미인지 잘 모르겠어요.

여러분, 이전에 내가 대칭성이라는 말을 한 적이 있을 겁니다. 양지가 있으면 그늘이 있고, 물이 있으면 불이 있지요. 따라서 세상이 바뀌면 보는 기준도 바뀌어야 하는 겁니다. 소인국에 가면 걸리버는 정상적인 사람이 아니잖아요. 과학도 그런 관점에서 봐 주었으면 해요.

그러나 아이들은 혼란스러워졌다. 이제까지 생각해 왔던 과학과는

너무 다른 개념이었기 때문이다. 그때였다. 아이들의 침묵을 깨고
현철이가 말했다.

__박사님! 그러면 여기서도 자연의 대칭성이 빛을 발휘하
는 건가요?

그렇지요. 입자와 파동의 상보성, 거시 세계와 미시 세계의
대칭성 바로 그것이지요. 미시 세계는 원자핵 주위를 수많은
궤도전자들이 돌고 있는 세계를 말하고, 거시 세계는 태양
주위를 아홉 개의 행성들이 돌고 있는 세계를 말합니다.

드브로이(Louis de Broglie, 1892~1987)는 이제까지 파동이
라고 생각했던 빛이 입자성을 가지고 있다면, 이제까지 입자
라고 생각했던 전자도 파동성을 가지고 있을 것이라는 가정
을 세워 물질파라는 새로운 개념을 만들었습니다. 이런 개념
에서 중요한 것은 우리가 살고 있는 자연은 대칭적이라는 것
입니다.

자, 예를 하나 들어 봅시다.

플랑크 박사가 화면을 건드리자 야구 경기장에서 투수가 던진 공을
타자가 방망이로 치는 모습이 나타났다.

야구공의 질량은 얼마나 되나요? 또 투수가 던지는 야구공의 속도는 어느 정도일까요?

플랑크 박사의 물음에 스포츠에 관심이 많은 석태가 재빨리 대답했다.

__질량은 200g 정도 되고요, 최고 속도는 시속 150km 정도 됩니다.

그럼 전자의 질량은 얼마인가요?

플랑크 박사는 계속해서 질문을 던졌다. 그러나 아무도 전자의 질량을 말하지는 못했다. 그러자 플랑크 박사는 9.1×10^{-31}kg이라고 칠판에 전자의 질량을 적었다.

＿와, 굉장히 작은 값이네요?

좋아요. 야구공도 질량이 있고, 전자도 매우 작지만 질량이 있지요? 그러면 야구공과 전자는 입자일까요, 파동일까요?

＿그야 야구공이나 전자 모두 알갱이니까 입자이죠!

민철이가 자신 있게 대답했다. 플랑크 박사는 상기된 얼굴로 수업을 이끌어 갔다.

그렇습니다. 콤프턴(Arthur Compton, 1892~1962)은 전자를 가지고 최초로 당구를 친 과학자입니다. 우리는 전자를 가지고 야구공 놀이를 해 볼까요?

＿전자로 야구를 한다고요?

아이들은 재미가 있다는 듯 눈이 빛났다.

질량 200g의 야구공이 시속 150km로 운동했을 때와 질량 9.1×10^{-31}kg의 전자가 빛의 속도로 운동했을 때를 비교해 봅시다.

__ 빛의 속도는 얼마인가요?

상준이가 궁금하다는 듯 질문하자 학생들은 여기저기서 빛의 속도를 말했다.

__1초에 지구를 7바퀴 반 도는 속도.

__초속 30만 km.

__3×10^8m/s.

그렇지요? 빛의 속도는 3×10^8m/s입니다. 그러면 이때의 야구공과 전자의 파장을 구해 보면 다음과 같습니다.

플랑크 박사가 화면을 건드리자 야구공의 파장과 전자의 파장이 떠올랐다.

야구공의 파장 : 2×10^{-33}m

전자의 파장 : 2×10^{-12}m

여러분, 야구공이 시속 150km로 운동했을 때의 파장은 10^{-33}입니다. 이 값은 야구공의 질량과 비교해 보았을 때 눈에 보이지 않을 정도로 아주 작은 값이지요?

그렇다면 전자가 빛의 속도로 운동했을 때의 파장은 10^{-12}
입니다. 이 값을 전자의 질량과 비교해 보면 무시해도 좋은
값인가요?

__아닙니다.

바로 그것입니다. 야구공처럼 우리가 사는 세계에서는
10^{-33}이라는 값은 무시해도 좋을 만큼 작지만 전자의 세계에
서는 10^{-12}은 무시할 수 없다는 것입니다. 즉, 우리와 같은 거
시 세계에서는 야구공과 같은 입자의 파동성이 의미가 없지
만 전자와 같은 미시 세계에서는 전자의 파동성이 중요하다
는 것입니다.

그럼 내가 말하려는 게 무엇인지 알 수 있나요?

플랑크 박사는 아이들을 쭉 둘러보며 물었다. 그러자 곰곰이 생각
하고 있던 태호가 말했다.

__아까 박사님께서 말씀하신 대로 야구공이나 우리에게
있어 파장은 별로 의미가 없습니다. 일단 느낄 수 없을 만큼
아주 작은 값이니까요. 그러나 눈에 보이지 않을 정도로 작
은 전자의 세계에서는 전자의 파장은 아주 큰 값이지요. 따
라서 우리가 사는 세계에서는 입자는 입자이고 파동은 파동

이지만, 플랑크 상수 b가 의미가 있는 눈에 보이지 않는 작은 세계에서는 입자가 파동일 수 있고, 파동이 입자일 수 있다는 뜻입니다.

태호의 대답은 정확하고 예리했다.

좋습니다. 내 마음에 들었어요! 이제 정리를 합시다. 여러분들이 확인해 보았듯이 우리가 사는 세계에서는 입자는 입자적인 성질만을 가지고 있고, 파동은 파동적인 성질만을 가지고 있지만 작은 전자와 원자의 세계에서는, 즉 플랑크 상수 b가 의미있는 미시 세계에서는 입자인 전자가 파동성을 가지고 있다는 것입니다. 따라서 플랑크 상수 b는 그 2개의 세계를 나누는 기준이 되는 거지요. 오늘 강의는 여기서 마칩니다.

__Ten Q!

플랑크 박사는 강의에 만족한 듯 환한 얼굴로 강의실을 떠났다.

지금은 바야흐로
양자적 점핑 시대

양자론은 이 세상을 어떻게 변화시켰나요?
플랑크 박사가 양자론을 세우지 않았다면
레이저도 나올 수 없었습니다.
바코드와 레이저의 원리에 대해 알아봅시다.

마지막 수업

지금은 바야흐로 양자적
점핑 시대

플랑크가 약간 아쉬운 듯한 표정으로 마지막 수업을 시작했다.

　오늘은 마지막 수업 시간입니다. 우리가 지금까지 '양자론'에 대해서 공부한 것은 양자론이 나오기까지의 역사적 사실이나 과정을 알기 위해서가 아니라 자연의 섭리가 무엇이고, 우리가 밝혀낸 자연의 섭리를 이용해서 일상생활을 어떻게 변화시킬 수 있는가를 알기 위해서입니다. 여기는 가상 실험실입니다. 1900년대 말 세계가 어떻게 달라지고 있는지 그 세계로 한번 가 봅시다.

　플랑크 박사가 화면을 건드리자 나선형의 소용돌이가 일어나더니 화면은 어느새 1993년 한국의 지방 도시인 대전 엑스포 과학 공원의 위성 사진이 떠올랐다. 플랑크 박사가 다시 화면을 건드리자 사진은 더욱 클로즈업되어 상세한 평면도가 펼쳐졌다.

플랑크 박사가 또 한 번 화면을 건드리자 입체 영상관 입구에서 벌어지고 있는 형형색색의 레이저 쇼가 화면 가득 나타났다. 그 멋진 광경에 학생들이 탄성을 질렀다.

　＿박사님! 저 광선은 어떤 빛입니까?
　＿빨간색, 파란색 광선이 교차되면서 밝기가 변하지 않을 수도 있나요?
　＿밤하늘에 아름다운 그림을 그릴 수도 있나요?

학생들은 입을 다물지 못했다. 들뜬 아이들을 보며 플랑크 박사는 다시 말을 이어 갔다.

저 빛이 바로 인간이 만들어 낸 최초의 빛 레이저입니다. 여러분, 저 레이저 빛이 나오는 기본적인 원리가 무엇인지 아나요?

화면을 바라보기에 바쁜 아이들에게 플랑크 박사는 다시 질문을 던졌다. 자신만만한 얼굴로 플랑크 박사는 학생들에게 기본적인 원리에 대한 질문을 던졌다.

___ 한 번도 레이저에 대해서는 말씀을 안 하셨는데 그걸 어떻게 알아요!

우리가 여태까지 무엇에 대해 이야기를 하고 있었지요?

아이들이 항의하자 플랑크 박사는 웃으며 귀띔해 주었다. 그러자 눈치 빠른 현철이가 물었다.

___ 여태까지 우리들이 배운 건 양자론이니까, 혹시 박사님이 생각해 내신 Q인가요?

현철이가 플랑크 박사의 마음을 눈치챈 듯 레이저와 양자론을 연결시켰다.

맞습니다. 바로 내가 정립한 양자 가설이 레이저라는 새로운 빛을 만들게 되는 기초가 되었고, 그 레이저를 이용하여 내가 양자론을 발표한 지 100년 후의 사람들은 아주 재미있고 편리한 세상을 살아가고 있는 것입니다.

___ 얼마나 재미있고 편리한 세상인가요?

태호가 다시 물었습니다. 플랑크 박사가 화면을 건드리자 슈퍼마켓의 계산대가 나타났다. 계산원들은 주걱처럼 생긴 물건을 포장지에 있는 여러 개의 줄무늬에 갖다 대기만 하면 가격이 나타났다.

여러분도 백화점이나 가게서 물건을 살 때 작은 막대기들로 이루어진 표에다 기계를 갖다 대지요. 그게 뭔가요?
___ 바코드요?

오랜만에 아는 것이 나와 아이들은 신이 났다.

예, 바로 이것이 바로 바코드라는 막대 모양으로 조합된 암호입니다. 즉, 선의 굵기나 간격을 가지고 그 상품의 모든 정보를 기록해 놓은 일종의 암호입니다.

9 788979 450804

03430

ISBN 89 - 7945 - 080 - X

__그럼 모든 상품에 저 바코드가 붙어 있나요?

그렇습니다. 생산 일자, 생산지, 생산자, 크기, 무게, 품질 등급 등 모든 정보가 저 바코드에 들어 있지요.

플랑크 박사의 말에 아이들이 웅성거리기 시작했다.

__전에 어디서 본 적이 있어요. 아주 먼 미래에는 저 바코드를 인간들에게 붙일지도 모른다고요.

__에이, 난 싫어. 기계에 대기만 하면 나에 대한 모든 정보가 나온다니 기분 나빠!

__박사님, 설마 정말 그런 일이 생길까요?

아마 그렇게 될 수도 있습니다. 또 바코드에서 3차원 코드로 변하게 될 것입니다.

아이들의 걱정스러운 얼굴을 보며 플랑크 박사가 말했다.

너무 걱정하지 마세요! 그것은 어디까지나 가정일 뿐이에요. 아마 그런 일은 생기지 않을 테니 안심해요.

__박사님! 그런데 저 줄무늬의 미세한 굵기나 간격을 어떻게 읽어 내나요?

그게 바로 아까 여러분들이 보았던 레이저로 읽습니다.

__ 레이저가 기호를 인식한다고요?

석태는 도무지 믿어지지 않는다는 듯 질문했다.

그뿐이 아닙니다. 레이저 쇼를 한번 볼까요?

플랑크 박사가 화면을 건드리자 한빛 탑에서 현란한 레이저가 나오고, 아름다운 영상이 나타났다. 모두 정신을 잃은 듯 가상 세계에 푹 빠졌다. 화면이 강변에서 공연하는 물 레이저 쇼(water laser show)로 바뀌자, 강의실은 쥐 죽은 듯 숨소리만 들릴 뿐이었다. 플랑크 박사가 화면을 건드리자 화면은 사라졌다.

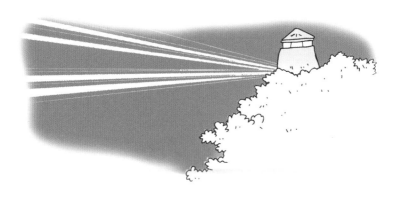

＿박사님, 더 보여 주세요.

플랑크 박사는 학생들의 요청에도 아랑곳하지 않고 빙그레 웃을 뿐이었다. 현철이 소리쳤다.

＿박사님! 아까 박사님이 창안해 낸 이론이 레이저라는 새로운 빛을 만드는 계기를 만들었다고 하셨는데 그것에 대해 말씀해 주세요.

지난 시간에 배운 양자 가설의 2가지 내용이 무엇이었지요?

＿진동자의 에너지는 불연속적으로 양자화되어 있어야 하고, 전자나 원자는 가만히 있을 때는 에너지를 내보내거나 흡수하지 않지만 자극을 주면 열을 받아서 에너지를 방출한다고 하셨어요.

다음 그림과 같이 과학자들은 안정 상태에 있던 원자나 전자들을 약 올려서 흥분 상태로 만들어 상위 수준으로 올려 주면 이들이 준안정적 상태의 준위인 불안정 상태의 수준에 모여 있겠지요. 그런데 위에 있던 전자나 원자들을 한꺼번에 떨어뜨리면 두 수준의 에너지의 차이가 밖으로 튀어나와 빛이 나옵니다. 이게 바로 레이저의 원리입니다.

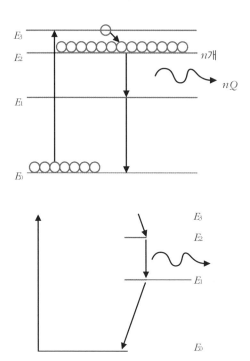

__와, 그렇게 심오한 뜻이 담겨 있어요?

석태가 재미있다는 듯 한마디 끼어들었다.

문제는 창조적 아이디어입니다. 양자론과 같은 새로운 이론이 세상을 바꾸어 놓았다는 것을 우리는 가상 실험실을 통해서 확인할 수 있었습니다. 양자론은 여러분이 본 것과 같이 과학 기술만을 바꾸어 놓은 것은 아닙니다. 양자론이 세상을 바꾸는 데 중요한 역할을 한 것은 '사람들의 자연관을 양자적 점핑을 하는 띄엄띄엄 불연속적인 자연관'으로 바꾸어 놓았다는 것입니다. 이것은 대혁명이지요.

플랑크 박사가 화면을 건드리자 이번에는 미래 학자 앨빈 토플러 (Toffler, Alvin) 박사의 동영상이 나타났다.
화면에서 앨빈 토플러 박사는 이렇게 말했다.

"지금의 우리 사회는 불연속적인 사회입니다. 불연속적인 양자적 사회의 특징은 점핑(Jumping)을 하지 않으면 상위 수준으로 올라갈 수 없다는 것입니다. 따라서 앞으로 다가올 미래 사회에서는 반드시 양자적 점핑을 하는 자만이 성취할 수 있다는 점을 여러분은 명심해야 합니다."

앞으로의 세상은 창의적인 자신만의 아이디어가 없이는 상위 수준으로 올라갈 수 없습니다. 그림에서 보았듯이 점핑해 올라가기 위해서는 용수철의 탄성 계수가 문제입니다. 그 탄성 계수 역할을 하는 것이 바로 여러분들의 새로운 아이디어입니다.

작은 대장간의 불꽃에서 시작한 강의가 양자적 점핑의 양자적 사회를 예측하고, 그런 사회에서 성취하면서 살아나가기 위해서는 용수철에 저장되어 있는 에너지와 같은 새로운 아이디어가 있어야 한다는 플랑크 박사의 메시지는 모든 학생들에게 깊은 인상을 주었다.

나의 정신을 이어받아 막스 플랑크 연구소가 1948년 독일의 뮌헨에 설립되었습니다. 이 막스 플랑크 연구소에서는 2005년을 기준으로 16명의 노벨상 수상자를 배출하여 '노벨상의 산실'이라는 별명까지 얻게 되었습니다. 이렇게 큰 성과를 얻게 된 원인은 '단기적 성과를 강요하지 말고 새로운 아이디어로 끊임없이 연구하라!'는 나의 정신을 그대로 이어받고 있기 때문이었습니다. 독일 사람들은 나의 업적을 기리기 위해 각 분야마다 '막스 플랑크 연구소'를 설립하여 운영하고 있습니다.

모든 강의를 마친 막스 플랑크 박사는 아이들에게 웃으며 되물었다.

자, 여러분 $3Q + 7Q$는 무엇입니까?
__ Ten(10) Q.
Thank you!
__ 고맙습니다.

선생님, 상품에 새겨진 작은 막대기들로 이루어진 저 표는 뭔가요?

삐~

바코드라고 해요. 선의 굵기나 간격을 가지고 그 상품의 모든 정보를 기록해 놓은 일종의 암호지요.

그럼 모든 상품에는 바코드가 있나요?

34043

76458967576888

ISBN 89 - 7543 - 080 - x

그래요. 생산 일자, 생산지, 생산자, 크기, 무게, 품질 등급 등 모든 정보가 저 바코드에 들어 있지요.

바코드는 어떻게 읽어낼 수 있는 거죠?

34043

76458967576888

ISBN 89 - 7543 - 080 - x

생산 일자
생산지
생산자
크기
무게
품질 등급

바로 나의 이론으로 만들어 낸 레이저를 이용해서 읽어 낸답니다.

우아, 대단하세요. 얼마 전에 레이저 쇼를 본 적이 있는데, 그 레이저로 바코드도 읽어낼 수 있군요.

레이저의 원리에 대해서 자세히 알려 주세요.

내가 정립한 양자 가설이 레이저라는 새로운 빛을 만들게 되는 기초가 되었지요.

우리가 힘을 합쳐서 레이저를 만들었지.

에너지의 불연속설

유도 방출

즉, 안정 상태에 있는 원자나 전자들을 흥분 상태로 만들면 준안정 상태의 준위에 모이고, 이들을 한꺼번에 떨어뜨리면 두 준위의 에너지 차이만큼 빛이 방출되는데, 이것이 레이저랍니다.

펌핑

빛 방출

아~그렇군요.

새로운 혁명적 이론가
플랑크_{Max Planck, 1858~1947}

　과학 분야에서 20세기 현대 물리학의 창시자, 새로운 혁명적 이론을 제시한 이론 물리학자 하면 단연 막스 플랑크입니다.

　과학자들이 불꽃의 온도와 에너지, 파장과 에너지 사이의 관계를 정확하게 규명하지 못하고 있을 때 그는 실험식에 완벽하게 들어맞는 이론식을 만들어 냈습니다.

　그러나 그는 여기에 만족하지 않고 3년이란 세월을 더 궁리하여 간단하고 새로운 수식을 만들어 냈습니다. 그는 천재는 아니었지만 하나의 문제를 끈질기게 물고 늘어지는 영재성을 지닌 사람이었습니다.

　플랑크는 1858년 4월 23일 북부 독일의 항구 도시인 킬에서 태어났습니다. 학창 시절 그는 공부는 잘하였으나 수석을 한 적은 없었다고 합니다. 모든 과목을 골고루 잘했으며 부지런하고 성실했습니다. 그는 목사, 학자, 법률가 집안의 출신답게 책임감이 강하고 보수적이었습니다.

플랑크는 아인슈타인의 상대성 이론은 즉각 받아들였으면서도 자신의 이론과 아주 가까운 아인슈타인의 광양자설은 선뜻 받아들이지 못했습니다. 결코 고전 물리학으로부터의 혁명을 원치 않았던 그가 연속적 에너지 개념에서 불연속적 에너지 개념으로 뛰어넘을 수 있었던 원동력은 집착과 끈기였습니다.

플랑크는 엔트로피, 열전현상, 전해질 용해의 연구 등으로 열역학의 체계화에 공헌하였으며, 열복사 문제를 연구하여 '플랑크의 복사식'을 만들었습니다. 또 보편 상수 h(플랑크 상수)를 도입하여 양자로의 전개를 초래하고 물리학 발전에 카다란 전기를 가져온 공로로 노벨 물리학상을 받았습니다.

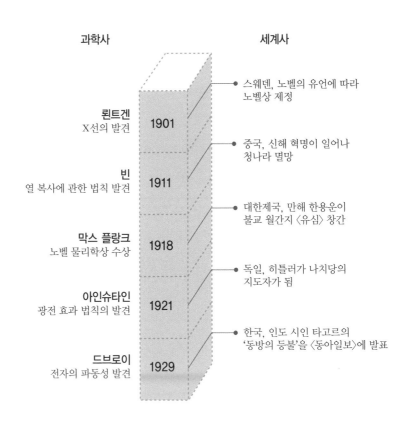

과학사

세계사

● 스웨덴, 노벨의 유언에 따라
노벨상 제정

뢴트겐
X선의 발견

1901

● 중국, 신해 혁명이 일어나
청나라 멸망

빈
열 복사에 관한 법칙 발견

1911

● 대한제국, 만해 한용운이
불교 월간지 〈유심〉 창간

막스 플랑크
노벨 물리학상 수상

1918

● 독일, 히틀러가 나치당의
지도자가 됨

아인슈타인
광전 효과 법칙의 발견

1921

● 한국, 인도 시인 타고르의
'동방의 등불'을 〈동아일보〉에 발표

드브로이
전자의 파동성 발견

1929

1. 가열된 물체에서는 □□□□ 가 방출되는데, 이런 현상을 □□ 라고 합니다.

2. 가시광선 영역보다 파장이 긴 쪽이 □□□ 이고, 가시광선 영역보다 파장이 짧은 쪽이 □□□ 입니다.

3. 선의 굵기나 간격을 가지고 상품의 모든 정보를 기록해 놓은 막대 모양으로 조합된 암호를 □□□ 라고 합니다.

4. 드브로이는 이제까지 파동이라고 생각했던 빛이 □□□ 을 가지고 있다면, 이제까지 입자라고 생각했던 전자도 □□□ 을 가지고 있을 것이라는 가정을 세워 □□□ 라는 새로운 개념을 만들었습니다.

5. 진동자의 에너지는 불연속적으로 □□□ 되어 있어야 하고, 전자나 원자는 가만히 있을 때는 □□□ 를 내보내거나 흡수하지 않지만 자극을 주면 열을 받아서 방출합니다.

레이저(laser)

레이저(LASER)란 말은 Light Amplification by Stimulated Emission of Radiation의 머리글자를 모은 것입니다. 즉, 자극을 주어 빛을 방출시키는 증폭 장치를 말합니다.

레이저의 원리는 다음과 같습니다. 높은 에너지 준위에 있던 원자는 불안정하여 안정한 상태인 낮은 에너지 준위로 옮기게 됩니다. 이때 두 에너지 준위 차에 해당하는 에너지가 방출됩니다. 이 방출된 에너지를 크게 증폭시켜 한꺼번에 방출시키면 레이저가 됩니다.

증폭시키는 방법으로는 한꺼번에 많은 원자가 떨어지도록 하는 방법과 방출된 빛을 두 개의 거울 사이에서 여러 차례 반사시켜 증폭시키는 방법이 있습니다.

레이저가 나오기 위해서는 세 가지 조건을 갖추어야 합니다. 첫째는 루비, 헬륨 − 네온, 이산화탄소와 같은 활성 매질이 있어야 하고, 둘째는 낮은 준위에 있는 원자를 높은 준위로 끌어올리는 펌핑 장치가 있어야 합니다. 셋째는 방출되는 빛을 증폭시키는 두 개의 거울로 구성된 공진기가 필요합니다.

이러한 레이저의 원리를 처음 알아낸 사람은 미국 컬럼비아 대학의 타운스 교수였고, 최초의 레이저는 1960년에 미국의 메이먼에 의해 발명된 루비 레이저입니다.

현대 문명의 총아인 레이저가 발명된 기본 원리는 막스 플랑크의 양자론에서부터 출발합니다. 즉, 에너지 궤도는 불연속적으로 양자화되어 있고, 높은 에너지 준위에 있는 전자나 원자는 불안정하여 낮은 에너지 준위로 떨어집니다. 이때 두 에너지 준위 차에 해당하는 에너지를 방출한다는 플랑크, 보어 등이 찾아낸 원리를 적용하여 발명한 것이 레이저인 것입니다.